監修者のことば

ひろかわクリニック院長
広川慶裕

認知機能検査は超高齢社会での必然の流れです

「気がついたら事故を起こしていました」

　高齢者が事故を起こしたあと、こんなふうに証言しているケースが多いそうです。認知症やうつ病など、脳神経疾患の治療を専門に手がけている私の見立てでは、そうした方々の多くは**脳が活性化しておらず、注意力も集中力も低下した状態で、ほとんど無自覚のうちに交通事故に至った**ものと考えられます。

　すでに65歳以上の人口が全人口の21％を越える**超高齢社会**となった日本において、ドライバーの高齢化も避けられません。そして高齢ドライバーが増えれば増えるほど、高齢ドライバーが起こしやすい事故が増えることも避けられません。当然、こうした状況に対して、何らかの手立てを講じなければならない時代となったわけです。

　例えば交通の便が良いところに住んでいて、家族に自動車で送り迎えをしてもらえるなど、車がなくても特に困らない高齢者の場合には、**免許返納**という選択肢も充分考えられるでしょう。

　これに対して、公共交通機関に難がある郊外に住んでいて、自動車がなければ日常生活が著しく不便になってしまう環境にある場合、免許返納という方法をそう簡単に選ぶことはできません。その他さまざまな事情で、**高齢になってもできるだけ運転免許を保持したい**と願う方も少なくないでしょう。

　そうした人たちが、安全に運転できるだけの認知機能を維持しているかどうかを確認するために、2017年以降、75歳以上の高齢ドライバーが運転免許を更新する際に、「認知機能検査」を受けることが義務づけられました。詳細は本文にゆずりますが、2022年には内容の見直しが行なわれ、検査そのものは少し簡素化しましたが、新たに３年以内に特定の違反があったドライバーには「運転技能検査」が課せられるようになっています。違反があった人には負担となりますが、違反は事故につながる可能性が高いことを考えれば、より現実に即した改正が行なわれたと言えるでしょう。

認知症はくい止められます

　認知機能検査とその後の検査で、医師によって認知症と診断された場合には、残念ながら運転免許の更新ができなくなります。しかし、私のクリニックで数多くの高齢者の方々の治療に取り組んできた経験からいうと、**認知症の前段階である「MCI（軽度認知障害）」の段階で、早期に適切な対策を行なえば、かなり高い割合で認知症への急速な進行を防ぐことが可能**です。

　つまり、できるだけ早い段階で、脳の活性化につながるトレーニング等をコツコツ行なえば、認知症の発症を防ぎ、認知機能検査に合格して、安全に運転を続けることができるということです。

　認知症予防の取り組みの例をいくつか挙げるとすれば、まず、本書の「3日目」（42〜48ページ）で紹介するような、認知機能改善につながる各種のトレーニングがあります。また、日常生活において、何か生きがいとなる**趣味**を持ち、**新しいことにチャレンジ**するのも、脳の活性化にはとても有効です。その他、「本を音読する」「散歩をする」「知人・友人と会って会話をする」「大いに笑う」といったことも、脳に良い刺激を与えてくれます。

　食事の改善も必要です。サバやイワシなどの「**青魚**」や、豆腐や納豆などの「**大豆製品**」をしっかり摂って、**栄養バランスの良い食生活**を心がけましょう。さらに、脳から老廃物を排出するホルモンが分泌される午後11時から午前3時の時間帯を含めて、**良質の睡眠**を取ることも欠かせません。

　これらの内容は、本書の趣旨からは少し外れるため、ここで簡単に触れるだけにしておきますが、認知機能検査に向けた模擬練習に加えて、日常生活を改善していくことで、認知機能の維持・向上につなげられるでしょう。

いきいきとした人生を送り続けるために

　本書では、免許更新時の認知機能検査への対策を主な目的として、5日間を目途とした模擬練習を提案しています。認知機能検査の内容や、取り組み方のコツをしっかりと理解し、事前の準備を怠りなく行なえば、合格する可能性を高めていくことができるでしょう。

　検査には時間制限がありますので、時間内に課題をこなすことができるように、何回も繰り返して練習することをおすすめします。

　本書を手に取っていただいたことをきっかけに、運転免許の更新とは関係なく、日頃から「脳の活性化」につながる取り組みを行なってください。読者のみなさまが、これから先の人生を長くいきいきと暮らしていかれることが、何よりも大切なことだからです。

運転免許「認知機能検査」5日間合格特訓ドリル

もくじ

運転免許「認知機能検査」5日間合格特訓ドリル ②日目

運転免許「認知機能検査」5日間合格特訓ドリル ③日目

運転免許「認知機能検査」5日間合格特訓ドリル ④日目

運転免許「認知機能検査」5日間合格特訓ドリル ⑤日目

安心・安全なドライバーであり続けるために

「認知機能検査」を知りましょう

認知機能を維持して安全に運転できる体を保ちます

　高齢になっても運転を続けたい、自動車がないと生活が成り立たない、という方は大勢いらっしゃるでしょう。連日高齢者の事故や免許返納などの話題が取り沙汰され、肩身の狭い思いをしている方がいらっしゃるかもしれません。

　しかし、認知機能がしっかりと維持され、安全運転が可能だと公に判定されれば、運転免許を保持することができます。それを確認するために設けられたのが、免許更新時の「認知機能検査」です。

　認知機能を衰えさせず、豊かで便利な生活を送り続けるためにも、本書でしっかりと練習していただき、検査に合格できる状態を保っていきましょう。

75歳以上の方に義務づけられた「認知機能検査」

　2017年以降、75歳以上の運転者には、「3年に1回の免許更新時」に「認知機能検査」を受けることが義務づけられました。また「一定の違反行為を行なった際（9ページ参照）」にも、「臨時認知機能検査」を受ける必要があります。

　認知機能検査とは、「記憶力」や「判断力」を測定する検査のことです。その内容は、複数（16個）のイラスト（絵）を覚えて、あとで何が描かれていたかを思い出す**「手がかり再生」**（「介入問題」を含む）と、受検当日の日時などが把握できているかを確認する**「時間の見当識」**で構成されています。

「36点以上」で合格。タブレット受検も導入されました

　受検方法には、回答用紙に手書きで書き込む「筆記受検」と、画面で操作するタブレットパソコンを使う「タブレット受検」の2種類があります。ただし、検査会場によっては筆記受検のみの場合もあります。

　検査の結果が「36点以上（100点満点）」の場合、記憶力・判断力に特に問題はなく、「認知症のおそれがない」と分類されます。これに対して結果が「0〜36点未満」の場合、記憶力・判断力が低くなっている可能性があり、「認知症のおそれがある」と判定されます。

免許がすぐに取り消されるわけではありません

　「認知症のおそれがない」と判定された方は、その後「高齢者講習」を受講したうえで、運転免許の更新手続きを行ないます。

「認知症のおそれがある」と判定されても、すぐに免許が取り消されるわけではありません。その後、臨時適性検査を受けるか、医師の診断書を提出することになり、そこで「認知症ではない」と判断されれば、高齢者講習を受講して、運転免許の更新手続きが行なえます。そこで「認知症」と判断された場合のみ、聴聞等の手続きを経て運転免許が取り消されるか、効力が停止されます。

「認知機能検査」や、過去３年間に一定の違反があった場合（８ページ参照）に課せられる「運転技能検査」は、運転免許証の更新期間が満了する日の６カ月前から受けることができます。

１回で合格しなくても、何度でも受検が可能ですが、そのたびに手数料が必要となります。

認知機能検査の変更点と新たに設けられた事柄

2022年５月13日から「認知機能検査」の検査項目が簡素化されたほか、いくつかの変更が行なわれました。

2017年の制度導入以降、２回目もしくは３回目の受検となる方は、変更点を確認しておいてください。

▶検査項目が３項目から２項目になりました

当初は「時間の見当識」「手がかり再生」「時計描画」の３つの検査がありましたが、新制度では「手がかり再生」と「時間の見当識」のみとなりました。

▶検査結果の判定区分が３つから２つになりました

認知機能検査の結果について、当初は「第１分類：認知症のおそれあり」「第２分類：認知機能低下のおそれあり」「第３分類：認知機能低下のおそれなし」の３つに区分されていました。改正後は、「認知症のおそれがある」と「認知症のおそれがない」という２つの区分に変更されています。

▶「タブレット受検」が導入されました

前述の通り、検査会場によってはタブレット受検を選べるようになりました。

▶違反があった場合、「運転技能検査」が課せられます

過去３年間に一定の違反行為があった方は、認知機能検査の前に「運転技能検査」を受けなければならなくなりました。更新期間中にこれに合格できなかった場合、免許の更新ができなくなります。

▶「サポカー限定免許」が創設されました

衝突被害軽減ブレーキ、踏み間違い急発進抑制装置等が搭載された「安全運転サポート車（サポカー）」のみ運転できる「サポカー限定免許」への切り替えができるようになりました。

「運転技能検査」が課せられる11の違反

「一定の違反行為」をすると……

　75歳以上で、過去3年以内に次の違反をした方は、認知機能検査を受ける前に「運転技能検査」を受け、合格しておかなければなりません。

> （1）信号無視　（2）通行区分違反　（3）通行帯違反等　（4）速度超過　（5）横断等禁止違反　（6）踏切不停止等・遮断踏切立入り　（7）交差点右左折方法違反等　（8）交差点安全進行義務違反等　（9）横断歩行者等妨害等　（10）安全運転義務違反　（11）携帯電話使用等

「運転技能検査」で試される5つの課題

　運転技能検査では実際に自動車を運転し、決められたコースを走行して、以下の課題を行なって採点されます。

　採点方法は、100点満点からの減点方式。通常の第一種免許は「70点以上」、第二種免許は「80点以上」で合格です。

課題① 指示速度による走行

　指示された速度で安全に走行できるかどうかを確認。速すぎたり遅すぎたりすると「10点」の減点となります。

課題② 一時停止

　一時停止が指定された交差点において、停止線の手前できちんと停車できるかどうかを確認。手前で停止できず、停止線を越えてしまった場合、その程度に応じて「10点」もしくは「20点」の減点となります。

課題③ 右折・左折

　右折・左折をする際、道路の中央線からはみ出して反対車線に入ったり脱輪したりせずに曲がれるかを確認。はみ出した程度に応じて「20点」もしくは「40点」の減点。脱輪は「20点」の減点となります。

課題④ 信号通過

　赤信号に従って、停止線の手前で停止できるかを確認。停止できなかった場合、線を越えた程度に応じて「10点」もしくは「40点」の減点。

課題⑤ 段差乗り上げ

　段差に乗り上げた際、すぐにブレーキを踏んで安全に停止できるかを確認。段差に乗り上げたあと、適切に停止できない場合、「20点」の減点となります。

「臨時認知機能検査」が課せられる18の違反

免許更新時でなくても認知機能検査が行なわれます

　75歳以上の運転免許保有者で、次の違反をした方は、「臨時認知機能検査」を受けなければなりません。

（1）信号無視　（2）通行禁止違反　（3）通行区分違反　（4）横断等禁止違反　（5）進路変更禁止違反　（6）遮断踏切立入り等　（7）交差点右左折方法違反　（8）指定通行区分違反　（9）環状交差点左折等方法違反　（10）優先道路通行車妨害等　（11）交差点優先車妨害　（12）環状交差点通行車妨害等　（13）横断歩道等における横断歩行者等妨害等　（14）横断歩道のない交差点における横断歩行者等妨害等　（15）徐行場所違反　（16）指定場所一時不停止等　（17）合図不履行　（18）安全運転義務違反

「臨時認知機能検査」の内容と検査後の対応

　上記の違反後、「臨時認知機能検査通知書」が郵送されます。その後1カ月以内に、運転免許センターもしくは指定自動車教習所で受検する必要があります。「臨時認知機能検査」の内容は、免許の更新時に行なわれる「認知機能検査」と同じです。もし何か違反をして「臨時認知機能検査」を受けることになったら、事前に本書で練習しておくことをおすすめします。

　検査結果が「36点以上」で「認知症のおそれがない」と判定された方は、そのまま免許証が継続されます。

　検査結果が「36点未満」で「認知症のおそれがある」と判定された方は、「臨時適性検査（専門医による診断）」を受検するか、医師の診断書を提出することが求められます。

　ここで「認知症ではない」と診断され、前回受けた検査結果と変わりない方は、そのまま免許証が継続されます。「認知症ではない」と診断されたものの、前回受けた検査結果より悪くなっている方は、「臨時高齢者講習」を受講したうえで、免許証が継続されます。

「認知症である」と診断された場合、免許証の取り消し・停止の手続きが行なわれることになります。

　こうした事態にならないように、日頃から認知機能を維持することを心がけましょう！

75歳以上のドライバーの運転免許更新スケジュール

　認知機能検査や運転技能検査、高齢者講習等は、免許更新期間満了日の6カ月前から、以下のスケジュールで受検・受講することができます。受検の順序は、都道府県によって異なる場合がありますのでご注意ください。

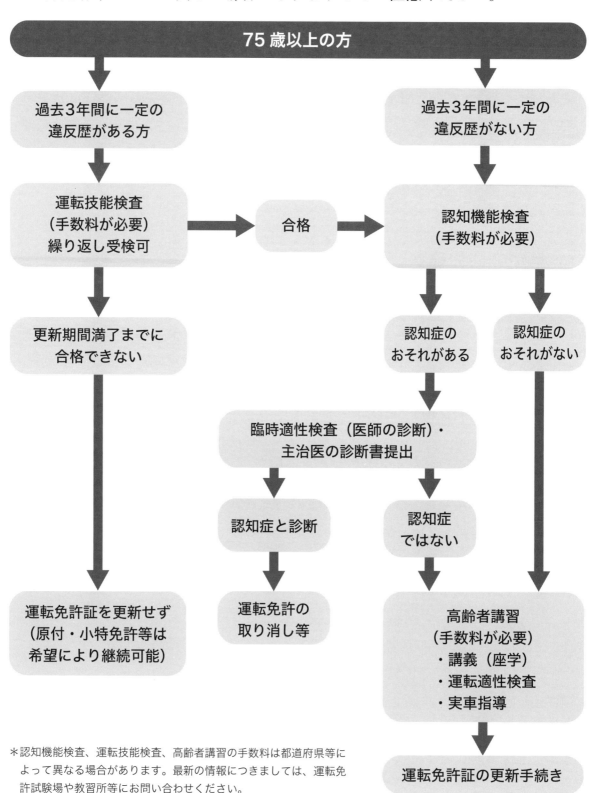

＊認知機能検査、運転技能検査、高齢者講習の手数料は都道府県等によって異なる場合があります。最新の情報につきましては、運転免許試験場や教習所等にお問い合わせください。

運転免許「認知機能検査」5日間合格特訓ドリル

1 日目

認知機能検査の模擬練習を始めましょう！

認知機能検査は、16個のイラスト（絵）を覚えて、あとでその名前を書いていく「手がかり再生」、いったん別のことを行なって時間を空けるための「介入問題」、検査日の年月日、曜日、そのときの時間を答える「時間の見当識」という課題で構成されています。

16個のイラストがひと組になったものが「パターンA」「パターンB」「パターンC」「パターンD」の4種類あり、検査ではそのうちのどれかが出題されます。

この「1日目」は、「パターンA」で行ないます。

認知機能検査の解説と模擬練習

　ここからは、みなさんが受検される「認知機能検査」の実際の進め方をなぞりながら、解説と模擬練習を同時に行なっていきます。

検査の前の指示

　まず検査官は、みなさんに声が聞こえているかどうかを尋ねます。次に、携帯電話やスマートフォンをマナーモードにするか、電源を切って、鞄かポケットにしまうよう指示があります。腕時計も、鞄かポケットにしまいます。眼鏡は出しておいてかまいません。

　さらに、「検査中は声を出さない」「質問は手をあげて行なう」「書き損じは二重線で訂正する」といった指示があります。

検査についての説明

　認知機能検査については、次のような説明があります。

「この検査は、安全な運転に必要な記憶力、判断力を確認するために行ないます」

「検査をして『認知症のおそれがある』とされても、すぐに免許が取り消されるわけではなく、警察から連絡があって、医者の診断を別途受けてもらいます」

「検査は〇〇分で終わります。検査の結果はいついつお伝えします」

「検査の結果は警察に連絡をし、それ以外に連絡することはありません」

表紙に書き込む内容

　次に、検査用紙の表紙に、名前と生年月日を記入するよう指示があります。検査用紙の表紙には、右のページのように、名前と生年月日を書く欄が印刷されています。検査官に「名前を書いてください」と言われたら名前を、「生年月日を書いてください」と言われたら生年月日を記入します。名前にふりがなをつける必要はありません。

　その際、消しゴムを使うことはできません。書き間違えた場合は、間違えた箇所に二重線を引き、書き直します。

　名前と生年月日を書き終えたら、いったん筆記具を置いて、次の指示を待ちましょう。検査官の指示があるまで、用紙をめくってはいけません。

　ここで「質問はありませんか?」と尋ねられますので、何か疑問や気になることがあったら、静かに手をあげて質問をしてください。

▽ 認知機能検査用紙の表紙

認知機能検査検査用紙

名　前	
生年月日	大正 昭和　　　　　年　　　月　　　日

諸注意
1　指示があるまで、用紙はめくらないでください。
2　答を書いているときは、声を出さないでください。
3　質問があったら、手を挙げてください。

出典：警察庁Webサイト 認知機能検査について

「手がかり再生」検査・パターンAの1枚目

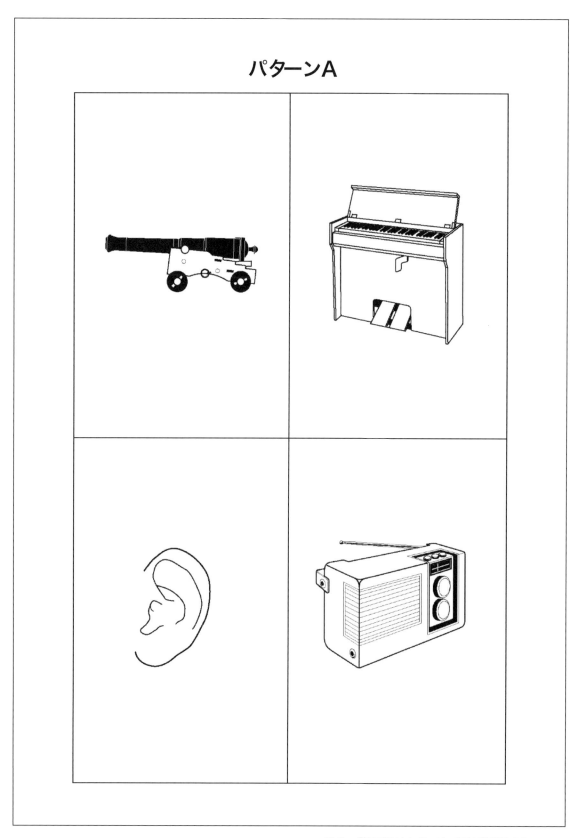

パターンA

出典：警察庁Webサイト 認知機能検査について

「手がかり再生」検査の進め方

「手がかり再生」とは、検査官に複数のイラストを見せられ、それを記憶し、あとで何が描かれていたのかを答える検査のことです。

1回の検査で、イラストは16個見せられます。左のページのように、1枚に4つのイラストが描かれたものが4枚用意されており、合計で16個になります。1枚につき1分ずつ、計4分で覚えることになります。

認知機能検査で使われるイラストは決まっています。16個1組を1つのパターンとして、A・B・C・Dの4つのパターンがあり、必ずそのうちどれか1つが使用されます。無作為に選ばれるので、その日の検査でA・B・C・Dのどのパターンが使われるかはわかりません。

検査官の説明（パターンＡの1枚目）

イラストを見せながら、検査官は次のように説明をします。

「これは、大砲です。これは、オルガンです。これは、耳です。これは、ラジオです。この中に、楽器があります。それは何ですか？　オルガンですね。この中に、電気製品があります。それは何ですか？　ラジオですね。この中に、戦いの武器があります。それは何ですか？　大砲ですね。この中に、体の一部があります。それは何ですか？　耳ですね。」

こうした説明を受けながら、1分間で4個のイラストを覚えていくわけです。

認知機能検査のポイント①　点数のつけ方

実は、16個のイラストすべてを覚える必要はありません。結論から言えば、「イラスト4個」と「時間の見当識の年月日と曜日」が確実に答えられれば、総合点は合格ラインの36点以上となり、認知機能検査はパスできるのです。

その理由は、少し複雑な採点の方法にあります。

「手がかり再生」は2段階で回答します。ヒントなしの「自由回答」で正答すれば1個2点、ヒントありの「手がかり回答」のみ正答すれば1個1点、両方正答しても2点です。16個全部、自由回答で正答したら32点になります。

この32点を、100点満点の「80点分」に当てはめるために、獲得した点数に「2.499を掛ける」という換算が行なわれます。仮に自由回答もしくは両方で4個正答した場合、8点×2.499＝19.992点と計算されるわけです。

詳細はあとで述べますが、「時間の見当識」でも同様に換算が行なわれ、仮に年月日と曜日が正答できれば18.704点になり、計38.696点で合格となります。

満点は必要ありません。「確実に合格点を取る」ことを目指していきましょう。

出典：警察庁Webサイト 認知機能検査について

2枚目も、1枚目と同様に、検査官は1分間で次のように説明をします。

「次のページに移ります。

これは、テントウムシです。

これは、ライオンです。

これは、タケノコです。

これは、フライパンです。

(少し間を置いて)

この中に、動物がいます。それは何ですか？　ライオンですね。

この中に、野菜があります。それは何ですか？　タケノコですね。

この中に、昆虫がいます。それは何ですか？　テントウムシですね。

この中に、台所用品があります。それは何ですか？　フライパンですね。」

認知機能検査のポイント②　語呂合わせで覚える

検査官に見せられたイラストをただ眺めるだけでは、なかなか覚えられないかもしれません。

ある程度覚えたとしても、イラストを見たあと、何が描かれていたかを思い出して回答する前に、「介入問題」（後述）に取り組まなければなりません。介入問題は、16個のイラストを見たあと、いったん別の作業をはさむことで、「記憶の邪魔をする」ために行なわれます。つまり、この「邪魔に負けない記憶」をつくることが大切です。

ひとつの案として、「語呂合わせで覚える」という方法があります。

例えば「巨人・大鵬・卵焼き」のような調子で、

「バラ・耳・大砲・オートバイ」

と覚えておけば、これだけで4個正答できます。

あるいは、

「耳・ラジオ（五）、スカート・ペンチ（七）、バラ・ブドウ（五）」

「バラ・ベッド（五）、大砲・タケノコ（七）、フライパン（五）」

といった具合に「五七五」の俳句調で覚えるのも一案です。どちらか1つを暗記するだけで5個から6個正答できます。

こうした語呂合わせの暗記に加えて、当日しっかりと集中してイラスト（絵）を見たら、ほかにも1個か2個くらい余分に覚えられるかもしれません。そうして4個から7個くらい正答し、その日の年月日と曜日が書けたら、合格は確実です。もちろん油断は禁物ですが、必要以上に恐れることはありません。

パターンＡ

出典：警察庁 Web サイト 認知機能検査について

18

　3枚目も、1～2枚目と同様に、検査官は1分間で次のように説明をします。
「次のページに移ります。

　これは、ものさしです。

　これは、オートバイです。

　これは、ブドウです。

　これは、スカートです。

（少し間を置いて）

　この中に、果物があります。それは何ですか？　ブドウですね。

　この中に、文房具があります。それは何ですか？　ものさしですね。

　この中に、乗り物があります。それは何ですか？　オートバイですね。

　この中に、衣類があります。それは何ですか？　スカートですね。」

認知機能検査のポイント③　オリジナルストーリーで覚える

　検査前の予習でイラストを記憶しておく方法として、「オリジナルのストーリーを考えて覚える」というやり方もあります。

　子どもの頃に読んだ童話などのストーリーが、いつまでも記憶に残っている方も多いと思います。例えば「桃から生まれた桃太郎がサルとキジとイヌをしたがえて鬼退治をした」といった具合に、イラストに描かれたものを使ってごく短いストーリーをつくり、それを暗記しておくのです。

　ストーリーは理屈が通っていなくても、矛盾していてもかまいません。むしろ「少し変なストーリー」のほうが記憶に残りやすいと言えます。例えば、次のようなストーリーで覚えてみてはいかがでしょうか。

　「**ラジオ**をつけたら、**大砲**と**オルガン**の音が**耳**に聞こえてきた。窓の外では**バラ**の花が咲いている。草むらを**ライオン**と**にわとり**が歩いていて、**テントウムシ**が飛んできた。お腹が空いたので、**タケノコ**を**フライパン**で炒めて食べて、デザートに**ブドウ**も食べた。」

　これでパターンAのうち11個のイラストの名前が含まれています。全部覚えられたら合格は確実です。最初の1文だけでも4個覚えられます。

　もっと簡単に、「お父さんは**オートバイ**で**ブドウ**狩りに出かけ、お母さんは**ものさし**で**スカート**の丈を測った」という1文で、4個覚えることもできます。

　もちろん、ご自分でオリジナルのストーリーを考えてみてもよいでしょう。

パターンＡ

出典：警察庁Webサイト 認知機能検査について

検査官の説明（パターンＡの４枚目）

４枚目も、１〜３枚目と同様に、検査官は１分間で次のように説明をします。

「次のページに移ります。

これは、にわとりです。

これは、バラです。

これは、ペンチです。

これは、ベッドです。

（少し間を置いて）

この中に、大工道具があります。それは何ですか？　ペンチですね。

この中に、花があります。それは何ですか？　バラですね。

この中に、家具があります。それは何ですか？　ベッドですね。

この中に、鳥がいます。それは何ですか？　にわとりですね。」

認知機能検査のポイント④　ヒント（分類）を覚える

認知機能検査の「手がかり再生」には、パターンＡからパターンＤまで４つのパターンがあり、それぞれ16個のイラストが提示されます。つまり、イラストの種類は「16個×４」で「64個」もあるわけです。部分的に覚えて、自由回答で最低４個正答すれば合格できるとはいえ、ＡからＤのどれが出題されるかわかりませんし、どれを覚えたらいいのか戸惑ってしまうかもしれません。

ここでもうひとつ、まったく違う方向から覚える方法をご提案します。それは、イラストそのものではなく、イラストの「分類」が示された「ヒント」のほうを記憶する、というやり方です。

実は、パターンＡからパターンＤまで、個々のイラストはすべて異なるものの、**イラストの16種類の分類とその並び方はすべて共通しています。**

例えばパターンＡの１枚目の左上は「**大砲**」で、ヒントは「**戦いの武器**」です。パターンＢの１枚目の左上は「**戦車**」で、やはりヒントは「**戦いの武器**」です。同様に、パターンＣの１枚目の左上は「**機関銃**」、パターンＤの１枚目の左上は「**刀**」となっています。１枚目の左上は全部「**戦いの武器**」なのです。

16種類のヒント（分類）の一覧は以下の通りです。

「**戦いの武器**」「**楽器**」「**体の一部**」「**電気製品**」「**昆虫**」「**動物**」「**野菜**」「**台所用品**」「**文房具**」「**乗り物**」「**果物**」「**衣類**」「**鳥**」「**花**」「**大工道具**」「**家具**」。

これだけをがんばって暗記してください。そして、その日の出題がパターンＡだった場合、「さっき見た『戦いの武器』は何だったかな？　そうだ、大砲だ！」といった具合に連想すれば、答えが思い出しやすくなるはずです。

いったん別のことを行なう「介入問題」

「手がかり再生」のイラスト16個を見せられたあと、**「介入問題」**が行なわれます。これは認知機能検査の配点には含まれませんが、取り組まないと失格になります。イラストを見てから回答するまでに、いったん別のことを行ない、少し時間を空けても**「記憶が持続しているかどうか」**が試されているのです。

「介入問題」を行なうときの注意点は、「集中しすぎないこと」です。一所懸命やろうとしてこれに集中しすぎると、先ほど覚えたばかりのイラストを忘れやすくなります。間違えてもかまわないのでリラックスして取り組みましょう。

問　題　用　紙　1

これから、たくさん数字が書かれた表が出ますので、私が指示をした数字に斜線を引いてもらいます。

例えば、「1と4」に斜線を引いてくださいと言ったときは、

→

| 4̸ | 3 | 1̸ | 4̸ | 6 | 2 | 4̸ | 7 | 3 | 9 |
| 8 | 6 | 3 | 1̸ | 8 | 9 | 5 | 6 | 4̸ | 3 |

と例示のように順番に、見つけただけ斜線を引いてください。

※ 指示があるまでめくらないでください。

出典：警察庁Webサイト 認知機能検査について

「介入問題」の進め方

「介入問題」は2段階で行なわれます。

まず「2つの数字」が指定されますので、その数字を上の段の左から斜線で消していきます。仮に「2と3」と言われたら、「2」と「3」を斜線で消していくのです。時間は30秒間です。

次に「1回目とは別の3つの数字」が指定されますので、同様にその数字を上の段の左から消していきます。時間は同じく30秒間です。

出 題

「それでは、『3と5』に斜線を引いていただきます。」（30秒間）
「それでは、『1と7と9』に斜線を引いていただきます。」（30秒間）

回 答 用 紙 1

→

9	3	2	7	5	4	2	4	1	3
3	4	5	2	1	2	7	2	4	6
6	5	2	7	9	6	1	3	4	2
4	6	1	4	3	8	2	6	9	3
2	5	4	5	1	3	7	9	6	8
2	6	5	9	6	8	4	7	1	3
4	1	8	2	4	6	7	1	3	9
9	4	1	6	2	3	2	7	9	5
1	3	7	8	5	6	2	9	8	4
2	5	6	9	1	3	7	4	5	8

※ 指示があるまでめくらないでください。

出典：警察庁Webサイト 認知機能検査について

先にヒントなしの「自由回答」が行なわれます

　そしていよいよ、初めに見せられた16個のイラストを思い出し、その名前を書いていく「手がかり再生」の回答が始まります。回答は2段階で行なわれます。最初はヒントなしで、思い出したものをどんどん書いていく「自由回答」の形式です。検査官からは次のような説明がなされます。

「少し前に、何枚かの絵をご覧いただきました。

　何が描かれていたのかをよく思い出して、

　できるだけ、全部書いてください。

　回答の順番は問いません。

　思い出した順で結構です。

　『漢字』でも『カタカナ』でも『ひらがな』でもかまいません。

　間違えた場合は、二重線で訂正してください。

　ご質問はありませんか？

　それでは、用紙をめくってください。

　『回答用紙2』です。

　鉛筆を持って、始めてください。」

　合図のあと、制限時間の3分間で思い出せるだけ書いていきましょう。

「語呂合わせ」「ストーリー」「ヒント（分類）」を活用しよう

　繰り返しになりますが、全問正答する必要はありません。

　確実に最低4個を回答し、あとは余力で書けるだけ書くという取り組み方で大丈夫です。

　「語呂合わせ」で覚えてきた人は、気持ちを落ち着けて、まずは1つの「語呂合わせ」を思い出しましょう。それだけで4個以上は回答できるはずです。

　「ストーリー」で覚えてきた人は、やはりリラックスして、記憶の中から「ストーリー」を思い起こしましょう。1文だけでも思い出せば、3個か4個は回答できるはずです。2文思い出せば、6個か7個は回答できます。

　「ヒント（分類）」を覚えてきた人は、落ち着いて、まずどんな分類があったかを思い出しましょう。そうです。1つめは「戦いの武器」でした。どんな武器がありましたか？　2つめは「楽器」でした。どんな楽器がありましたか？「体の一部」のイラストもあったはずです。何が描かれていましたか？

　1つ、2つと思い出せたら、芋づる式にいくつか思い出せるでしょう。

　いかがですか？　最低4個正答するのは、意外と簡単ではありませんか？

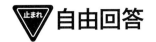 自由回答

こちらの回答用紙に、思い出した順番に書いていきましょう。（3分間）

回　答　用　紙　2	
1.	9.
2.	10.
3.	11.
4.	12.
5.	13.
6.	14.
7.	15.
8.	16.

※ 指示があるまでめくらないでください。

出典：警察庁 Web サイト 認知機能検査について

次にヒントありの「手がかり回答」が行なわれます

ヒントなしの「自由回答」を行なったあと、今度はヒントありの「手がかり回答」が行なわれます。

ヒントとは、最初にイラストを順に見せられたとき、一つひとつ確認しながら検査官が話した「分類」のことです。回答用紙に、「認知機能検査のポイント④」（21ページ）で説明した「16種類の分類」がヒントとして書かれているので、それを見てイラストを思い出していくのです。

検査官は次のように説明します。

「今度は、回答用紙にヒントが書かれています。

それを手がかりに、もう一度、何が描かれていたのかをよく思い出して、できるだけ全部書いてください。

それぞれのヒントに対して、回答は1つだけです。2つ以上は書かないでください。『漢字』でも『カタカナ』でも『ひらがな』でもかまいません。

間違えた場合は、二重線で訂正してください。

ご質問はありませんか？

それでは、用紙をめくってください。

『回答用紙3』です。

鉛筆を持って、始めてください。」

合図のあと、制限時間の3分間で思い出せるだけ書いていきましょう。

ヒントがあれば、かなり思い出しやすくなるはずです。ましてや「ヒント（分類）」を暗記してきた人は、よりいっそう思い出しやすいはずです。

自由回答で思い出せなかったイラストの名前が出てきたら、1個で1点もらえるので、安心材料のためにも、1つでも多く回答しておきましょう。

正答・誤答の基準

回答に自信がなくても、1つの回答欄に2つ以上の答えを書いてはいけません。例えば「果物」の欄に「ブドウ　メロン」と答えを2つ書いて、どちらかが当たっていた場合でも、正答とは認められません。

ただし、「野菜」の欄に間違って「果物」の名前を書いても、それが正しければ正答となります。

イラストを見せられたときに検査官が話した名称を、方言、外国語、通称名などでいい換えた場合でも、それが正しければ正答として認められます。

また、読んで正答だとわかる範囲の「誤字・脱字」も許容されます。「正答・誤答の基準」は、このような目安で定められています。

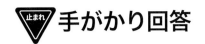 # 手がかり回答

こちらの回答用紙に、思い出したものから書いていきましょう。（3分間）

回 答 用 紙 3

1．戦いの武器	9．文房具
2．楽器	10．乗り物
3．体の一部	11．果物
4．電気製品	12．衣類
5．昆虫	13．鳥
6．動物	14．花
7．野菜	15．大工道具
8．台所用品	16．家具

※ 指示があるまでめくらないでください。

出典：警察庁 Web サイト 認知機能検査について

今の状況を確認する「時間の見当識」

「見当識」とは、「今、自分はどこにいるのか」「今日の年月日や今の時刻」など、「現在自分が置かれている状況」を正しく認識する能力のことです。認知症が進行したときに現れる代表的な症状のひとつに、「時間の認識が乏しくなる」というものがあります。認知機能検査では、この症状の有無を確認するために、「時間の見当識」を問う問題が出されるのです。

「時間の見当識」の進め方

検査官からは、次のような説明があります。

「最後の検査を始めます。用紙をめくってください。

この検査には5つの質問があります。左側に質問が書かれています。

それぞれの質問に対する答えを右側の回答欄に記入してください。

よくわからない場合でも、できるだけ何らかの答えを記入してください。

空欄とならないようにしてください。

質問の中に『何年』の質問があります。これは『なにどし』ではありません。干支で回答しないようにしてください。『何年』の回答は、西暦で書いても、和暦で書いてもかまいません。和暦とは、元号を用いたいい方のことです。

ご質問はありませんか？　用紙をめくってください。

鉛筆を持って、始めてください。」

この合図のあと、制限時間の2分間以内に回答していきます。

「時間の見当識」の配点と回答

最初の「年」は5点、「月」は4点、「日」は3点、「曜日」は2点、「時間」は1点となっています。全部正答すると15点になります。これを100点満点の20点分に当てはめるために、獲得した点数に「1.336を掛ける」という換算が行なわれます。例えば「年月日」と「曜日」を正答すれば14点となり、これに1.336を掛けて18.704点となり、手がかり再生の点数と合算するのです。

和暦で答える場合、必ず検査当日の元号を使わなければなりません。例えば「令和5年」は「平成35年」に当たりますが、それを書いても誤答となります。

西暦2023年を省略して「23年」と書いた場合、それが西暦の省略であると認められれば正答になります。

時刻は、「時間の見当識」の問題を「始めてください」と検査官が言った時間を書きます。前後それぞれ30分以上ずれていたら誤答となります。「午前」か「午後」かは、書いても書かなくてもどちらでもかまいません。

止まれ 時間の見当識

　こちらの回答用紙に「何年」「何月」「何日」「何曜日」「何時何分」かを記入します。検査当日、家を出るときに「今日は何年何月何日何曜日である」と確認し、検査会場に入ってからもう一度思い出すようにすれば、簡単に回答できるはずです。（2分間）

回 答 用 紙 4

以下の質問にお答えください。

質 問	回 答
今年は何年ですか？	年
今月は何月ですか？	月
今日は何日ですか？	日
今日は何曜日ですか？	曜日
今は何時何分ですか？	時　　分

出典：警察庁Webサイト 認知機能検査について

お疲れさまでした！　1日目は終了です！
87～89ページを参考に、採点と判定を
行なってみましょう。

模擬練習の「1日目」を終えて、いかがでしたか？

お疲れ様でした。1日目の模擬練習は、これで終了です。

いかがでしょうか？　意外と簡単だなと思われた方、案外難しいと思われた方、それぞれいらっしゃると思います。

何度も繰り返しますが、認知機能検査で満点を取る必要はありません。満点を目指す必要もありません。100点満点中36点という合格基準をクリアし、運転免許証を保持することができれば、目標達成です。

とはいえ、確実に合格点を取るには「準備」が大切です。特にイラストを覚える「手がかり再生」は、仮に何も準備せずに挑戦した場合、おそらく年齢が若い人たちでも苦労する可能性があります。

しかし、実際に出題されるパターンAからパターンDのイラスト計64個が、あえて公表されているということは、受検される高齢者の方々に対して「どうぞ充分に予習をしてきてください」と言ってくれているようなものです。認知機能検査は、高齢者の方々から免許を取り上げるために行なわれるのではなく、「みなさんに安全運転を続けていただくためには、これくらいの検査がこなせる状態を保ってください」というメッセージでもあると思います。

免許の更新までに、いろいろと手間も時間も手数料もかかりますが、ぜひ前向きに捉えていただき、日頃から認知機能を維持するうえでの励みにしていきましょう。

認知機能検査の流れのおさらい

①事前にイラストやその日の年月日を覚えるなど、予習を行ないます。「語呂合わせ」「ストーリー」「ヒント（分類）」など、自分がやりやすい方法を使って、イラストを思い出しやすい状態にしておきます。

②検査用紙に名前と生年月日を記入します。

③「手がかり再生」で出題される16個のイラストを見て覚えます。

④「介入問題」を行ないます。このとき、あまり集中しすぎないように注意。

⑤ヒントなしで答える「自由回答」を行ないます。確実に4個正答を目指します。

⑥ヒントありで答える「手がかり回答」を行ないます。「自由回答」で思い出せなかったものをできるだけ思い出し、1つでも多く回答します。

⑦「時間の見当識」を回答します。自宅を出る前にカレンダーを見て、「今日は〇年〇月〇日〇曜日だな」と確認し、会場で検査の前にももう一度思い出しておきます。時間までわかればベストですが、年月日と曜日だけでも点数は充分に確保できます。

運転免許「認知機能検査」
５日間合格特訓ドリル

2日目

　認知機能検査に向けた模擬練習の2日目は、手がかり再生の「パターンB」で行ないます。

　各ページに書いてある検査官の言葉に従って進めてください。

＊

「語呂合わせ」や「オリジナルストーリー」の例を参考にしながら、ご自分で新たにつくってみるのもおすすめです。ご自分で工夫されたほうが、より記憶に残りやすいはずです。

▽ 認知機能検査用紙の表紙

「最初は、『名前』です。ご自分のお名前を記入してください。ふりがなはいりません。次は『生年月日』です。ご自分の生年月日を記入してください。」

認知機能検査検査用紙

名　前	
生年月日	大正 　　　　　　年　　　月　　　日 昭和

諸注意
1　指示があるまで、用紙はめくらないでください。
2　答を書いているときは、声を出さないでください。
3　質問があったら、手を挙げてください。

出典：警察庁Webサイト 認知機能検査について

32

「手がかり再生」検査・パターンBの1枚目（1分間）

「これは、戦車です。これは、太鼓です。

　これは、目です。これは、ステレオです。

　この中に、体の一部があります。それは何ですか？　目ですね。

　この中に、楽器があります。それは何ですか？　太鼓ですね。

　この中に、電気製品があります。それは何ですか？　ステレオですね。

　この中に、戦いの武器があります。それは何ですか？　戦車ですね。」

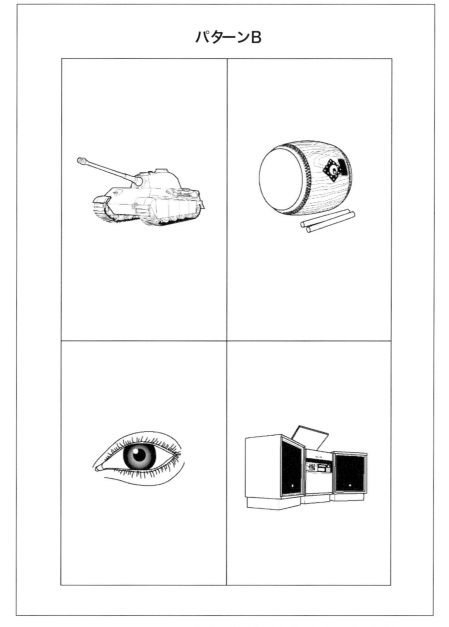

パターンBのおすすめ語呂合わせ

俳句調「ウサ（ギ）・太鼓、トンボ・飛行機、ユリ・レモン」（6個）

「手がかり再生」検査・パターンBの2枚目（1分間）

「これは、トンボです。これは、ウサギです。

これは、トマトです。これは、ヤカンです。

この中に、野菜があります。それは何ですか？　トマトですね。

この中に、昆虫がいます。それは何ですか？　トンボですね。

この中に、動物がいます。それは何ですか？　ウサギですね。

この中に、台所用品があります。それは何ですか？　ヤカンですね。」

出典：警察庁Webサイト 認知機能検査について

パターン**B**のおすすめオリジナルストーリー

「**トマト**をかじりながら**目**で外を見たら、**ウサギ**が**トンボ**を追いかけていた。
そのあと**ヤカン**で湯を沸かしながら、**カナヅチ**で机を修理した。」（7個）

「手がかり再生」検査・パターンBの3枚目（1分間）

「これは、万年筆です。これは、飛行機です。

　これは、レモンです。これは、コートです。

　この中に、衣類があります。それは何ですか？　コートですね。

　この中に、乗り物があります。それは何ですか？　飛行機ですね。

　この中に、果物があります。それは何ですか？　レモンですね。

　この中に、文房具があります。それは何ですか？　万年筆ですね。」

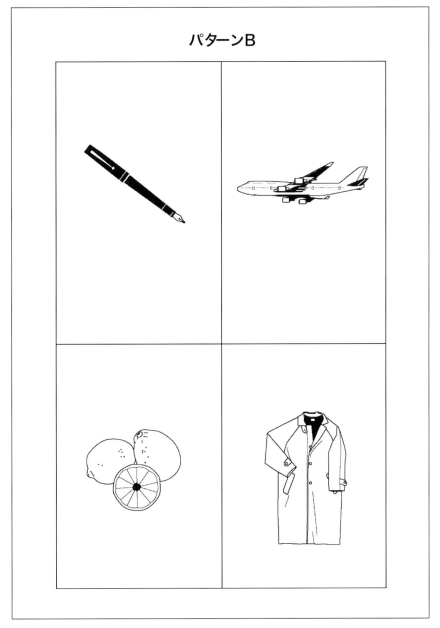

パターンB

出典：警察庁Webサイト　認知機能検査について

パターン B のおすすめ語呂合わせ

「なくよウグイス平安京」の調子で「トマト・ペンギン・ウサ（ギ）・コート」
（4個）

▼「手がかり再生」検査・パターンBの4枚目（1分間）

「これは、ペンギンです。これは、ユリです。

これは、カナヅチです。これは、机です。

この中に、鳥がいます。それは何ですか？　ペンギンですね。

この中に、花があります。それは何ですか？　ユリですね。

この中に、家具があります。それは何ですか？　机ですね。

この中に、大工道具があります。それは何ですか？　カナヅチですね。」

パターンB

出典：警察庁Webサイト 認知機能検査について

パターンBのおすすめオリジナルストーリー

「**ステレオ**で**太鼓**を聴きながら、**机**で**万年筆**で手紙を書いた。部屋には**戦車**と**飛行機**の模型があり、壁には**ペンギン**のポスターを貼っている。」（7個）

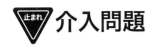 介入問題

「それでは、『2と4』に斜線を引いていただきます。」（30秒間）

「それでは、『3と5と6』に斜線を引いていただきます。」（30秒間）

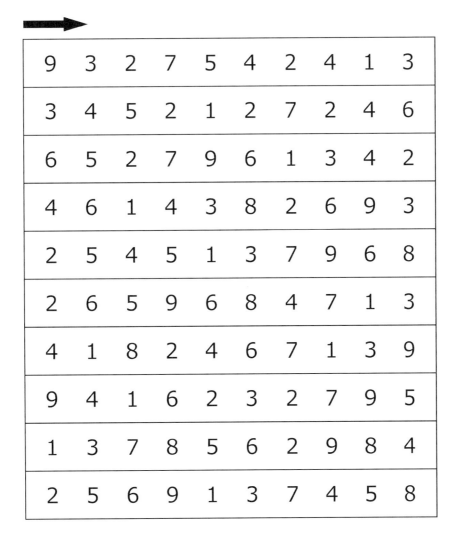

回 答 用 紙 1

9	3	2	7	5	4	2	4	1	3
3	4	5	2	1	2	7	2	4	6
6	5	2	7	9	6	1	3	4	2
4	6	1	4	3	8	2	6	9	3
2	5	4	5	1	3	7	9	6	8
2	6	5	9	6	8	4	7	1	3
4	1	8	2	4	6	7	1	3	9
9	4	1	6	2	3	2	7	9	5
1	3	7	8	5	6	2	9	8	4
2	5	6	9	1	3	7	4	5	8

※ 指示があるまでめくらないでください。

出典：警察庁Webサイト 認知機能検査について

▽ 自由回答（3分間）

「少し前に、何枚かの絵をご覧いただきました。何が描かれていたのかをよく思い出して、できるだけ、全部書いてください。

　回答の順番は問いません。思い出した順で結構です。『漢字』でも『カタカナ』でも『ひらがな』でもかまいません。間違えた場合は、二重線で訂正してください。」

┌─────────────────────────────────────┐
│   │
│   ┌─────────────────┐   │
│   │ 回　答　用　紙　2 │   │
│   └─────────────────┘   │
│   │
│   ┌──────────┬──────────┐   │
│   │ 1.   │ 9.   │   │
│   ├──────────┼──────────┤   │
│   │ 2.   │ 10.   │   │
│   ├──────────┼──────────┤   │
│   │ 3.   │ 11.   │   │
│   ├──────────┼──────────┤   │
│   │ 4.   │ 12.   │   │
│   ├──────────┼──────────┤   │
│   │ 5.   │ 13.   │   │
│   ├──────────┼──────────┤   │
│   │ 6.   │ 14.   │   │
│   ├──────────┼──────────┤   │
│   │ 7.   │ 15.   │   │
│   ├──────────┼──────────┤   │
│   │ 8.   │ 16.   │   │
│   └──────────┴──────────┘   │
│   │
│   ※ 指示があるまでめくらないでください。   │
│   │
└─────────────────────────────────────┘

出典：警察庁 Web サイト 認知機能検査について

▽(止まれ) 手がかり回答（3分間）

「今度は、回答用紙にヒントが書かれています。それを手がかりに、もう一度、何が描かれていたのかをよく思い出して、できるだけ全部書いてください。

それぞれのヒントに対して、回答は１つだけです。２つ以上は書かないでください。『漢字』でも『カタカナ』でも『ひらがな』でもかまいません。間違えた場合は、二重線で訂正してください。」

回　答　用　紙　3	
1．戦いの武器	9．文房具
2．楽器	10．乗り物
3．体の一部	11．果物
4．電気製品	12．衣類
5．昆虫	13．鳥
6．動物	14．花
7．野菜	15．大工道具
8．台所用品	16．家具

※ 指示があるまでめくらないでください。

出典：警察庁Webサイト 認知機能検査について

▽ 時間の見当識（2分間）

「この検査には、5つの質問があります。左側に質問が書かれています。それぞれの質問に対する答えを右側の回答欄に記入してください。よくわからない場合でも、できるだけ何らかの答えを記入してください。空欄とならないようにしてください。

　質問の中に『何年』の質問があります。これは『なにどし』ではありません。干支で回答しないようにしてください。『何年』の回答は、西暦で書いても、和暦で書いてもかまいません。和暦とは、元号を用いたいい方のことです。

　鉛筆を持って、始めてください。」

回　答　用　紙　4

以下の質問にお答えください。

質　問	回　答
今年は何年ですか？	年
今月は何月ですか？	月
今日は何日ですか？	日
今日は何曜日ですか？	曜日
今は何時何分ですか？	時　　分

出典：警察庁Webサイト 認知機能検査について

お疲れさまでした！　2日目は終了です！
87〜89ページを参考に、採点と判定を
行なってみましょう。

運転免許「認知機能検査」 5日間合格特訓ドリル

3日目

　認知機能検査の模擬練習は、いったん休憩です。

「脳を刺激」し、「認知機能の維持・向上」に役立つ対策トレーニングドリルを用意しましたので、気分転換を図りながら、記憶力や判断力、空間認知能力を高めていきましょう！

　具体的には、見当識の問題、計算問題、漢字の問題、立体図形の問題などがあります。

　これらに取り組むことで、脳の普段使っていない部分を目覚めさせていくことが大切です。

脳を鍛えて認知機能を高めよう

脳活性のトレーニングを習慣にしましょう

　認知機能検査に合格するためには、ここまでやってきたように、「実際の検査を想定した練習」が大切です。これに加えて、さまざまな課題に取り組んで脳を活性化させ、認知機能そのものを高める訓練も行なっていきましょう。

　ここでは、認知機能の向上に役立つ課題をいくつか紹介しますので、ぜひ挑戦してみてください。また、脳活性のトレーニングに役立つ書籍などが他にもたくさん市販されていますので、運転免許の更新前に限らず、そうしたもので日頃から習慣化しておくこともおすすめです。常に認知機能の維持・向上に取り組むことで、より安心・安全に生活することが可能となるでしょう。

▼ 見当識・思い出しクイズ

ドリル❶
ご自身の「生年月日」と、今日の「年月日・曜日」を書いてください。

ドリル❷
昨日の夕食で食べたものを、すべて書いてください。

ドリル❸

ご家族、ご親戚のお名前を、できるだけたくさんフルネームで書いてください。

ドリル❹

中学生のときの思い出を、できるだけたくさん書いてください。

ドリル❺

最寄りの駅・バス停などからご自宅までの道順を、初めてご自宅を訪れる人に
理解できるように説明してください。文章でも、地図を描いてもかまいません。

※回答の正誤は、ご自分で確認するか、ご家族に確認してもらってください。

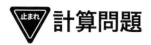

計算問題

次の計算をしてみましょう。電卓は使用しないでください。極力「暗算」で行なうことが大切です。日頃行なわない計算をすることで脳が刺激され、活性化される効果が期待できます。

① $246 + 87 + 38 =$

② $8 \times 5 + 28 =$

③ $723 - 332 + 5 =$

④ $21 + 8 + 14 + 7 =$

⑤ $11 \times 5 + 30 =$

⑥ $357 - 121 =$

⑦ $58 + 33 + 25 =$

⑧ $20 \times 3 + 36 =$

⑨ $81 \div 9 =$

⑩ $3 + 8 + 7 + 5 =$

⑪ $55 - 12 - 15 =$

⑫ $4 \times 5 \times 5 =$

漢字の読み仮名

次の漢字の読み仮名を空欄に書き込んでください。パソコンやスマートフォンなどが普及したことで、手で字を書かない人が増えていますが、漢字の読み方を思い出しながら手書きをすることで、脳によい刺激が与えられます。

①小春日和　（　　　　　　）

②呉越同舟　（　　　　　　）

③薫陶　（　　　　　　）

④金科玉条　（　　　　　　）

⑤几帳面　（　　　　　　）

⑥閑話休題　（　　　　　　）

⑦画竜点睛　（　　　　　　）

⑧花鳥風月　（　　　　　　）

⑨臥薪嘗胆　（　　　　　　）

⑩東雲　（　　　　　　）

⑪電光石火　（　　　　　　）

⑫俄雨　（　　　　　　）

解答

①こはるびより　②ごえつどうしゅう　③くんとう　④きんかぎょくじょう　⑤きちょうめん　⑥かんわきゅうだい　⑦がりょうてんせい　⑧かちょうふうげつ　⑨がしんしょうたん　⑩しののめ　⑪でんこうせっか　⑫にわかあめ

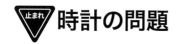

時間の見当識を維持・向上していくために、時計の問題に取り組みましょう。日頃から、「今は何時ごろか」「次の用事は何時で、それまであと何時間あるのか」といったことを意識し、時間の見当識を保っておくことが大切です。

①何時何分を示していますか？

	時		分

この2時間30分後は何時何分ですか？

	時		分

②何時何分を示していますか？

	時		分

この1時間50分後は何時何分ですか？

	時		分

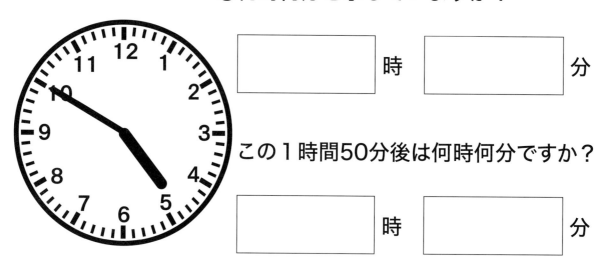

46

漢字の書き取り

　日頃文字を手書きしていないと、「読めるのに書けない」状態になってしまいがちです。漢字の書き取り問題を行なうことで、脳の奥のほうから記憶を呼び起こしていきましょう。次の文の下線部分を漢字に直してください。

①<u>しゅんみん</u>暁を覚えず　　　　（　　　　　　　）

②風が吹けば<u>おけや</u>が儲かる　　（　　　　　　　）

③弘法にも筆の<u>あやまり</u>　　　　（　　　　　　　）

④<u>ごう</u>に入っては<u>ごう</u>に従え　（　　　　　　　）
　　　※どちらも同じ漢字

⑤地震<u>かみなり</u>火事親父　　　　（　　　　　　　）

⑥大器<u>ばんせい</u>　　　　　　　　（　　　　　　　）

⑦大山<u>めいどう</u>して鼠一匹　　　（　　　　　　　）

⑧多勢に<u>ぶぜい</u>　　　　　　　　（　　　　　　　）

⑨<u>つみ</u>を憎んで人を憎まず　　　（　　　　　　　）

⑩捕らぬ狸の<u>かわざんよう</u>　　　（　　　　　　　）

⑪人間至る処<u>せいざん</u>有り　　　（　　　　　　　）

⑫論より<u>しょうこ</u>　　　　　　　（　　　　　　　）

⚠️止まれ 立体図形の問題

　自動車を安全に運転し、正確に操作するためには、「空間認知能力」が必要とされています。空間認知能力とは、三次元の空間において、物体の大きさ、位置、形状、間隔などを素早く把握・認識する力のことです。立体図形の問題に取り組み、空間認知能力を高めていきましょう。

①この立体は、何個のブロックでつくられているでしょうか。

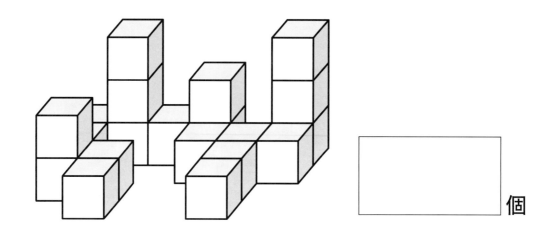

　　　　　　　　　　　　　　　　　　　　　　　　　個

②この立体を矢印の方向（立体の正面）から見た形を、右の枠内に描いてください。

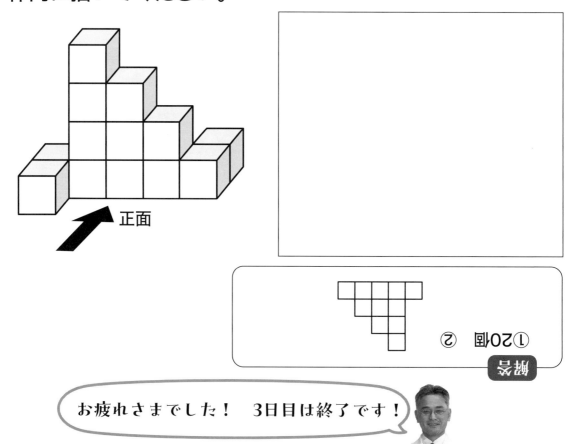

正面

解答

①20個　　②

お疲れさまでした！　3日目は終了です！

48

運転免許「認知機能検査」5日間合格特訓ドリル

4日目

　認知機能検査に向けた模擬練習の4日目は、手がかり再生の「パターンC」で行ないます。

　各ページに書いてある検査官の言葉に従って進めてください。

*

　イラストを覚える時間、回答する時間はそれぞれ決まっています。

　時計やスマートフォンのストップウォッチやタイマーを利用するなどして、制限時間を守りながら練習しましょう。

⚠️ 認知機能検査用紙の表紙

「最初は、『名前』です。ご自分のお名前を記入してください。ふりがなはいりません。次は『生年月日』です。ご自分の生年月日を記入してください。」

認知機能検査検査用紙

名　前	
生年月日	大正 　　　　　　　　　年　　　月　　　日 昭和

諸注意
1　指示があるまで、用紙はめくらないでください。
2　答を書いているときは、声を出さないでください。
3　質問があったら、手を挙げてください。

出典：警察庁Webサイト 認知機能検査について

「これは、機関銃です。これは、琴です。

これは、親指です。これは、電子レンジです。

この中に、楽器があります。それは何ですか？　琴ですね。

この中に、電気製品があります。それは何ですか？　電子レンジですね。

この中に、戦いの武器があります。それは何ですか？　機関銃ですね。

この中に、体の一部があります。それは何ですか？　親指ですね。」

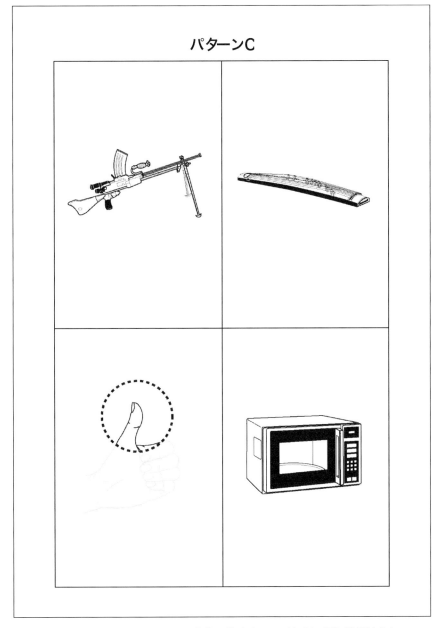

出典：警察庁Webサイト 認知機能検査について

パターンCのおすすめ語呂合わせ

俳句調「セミ・メロン、はさみ・トラック、ナベ・（電子）レンジ」（6個）

「これは、セミです。これは、牛です。

これは、トウモロコシです。これは、ナベです。

この中に、動物がいます。それは何ですか？　牛ですね。

この中に、台所用品があります。それは何ですか？　ナベですね。

この中に、昆虫がいます。それは何ですか？　セミですね。

この中に、野菜があります。それは何ですか？　トウモロコシですね。」

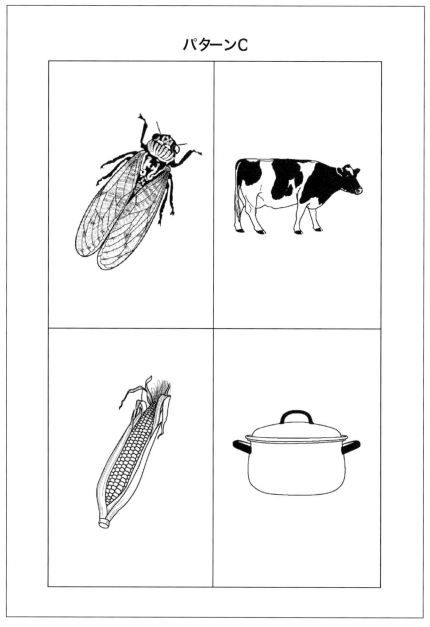

出典：警察庁Webサイト　認知機能検査について

パターンCのおすすめオリジナルストーリー

「**琴**を習っている隣の女性は、**メロン**と**トウモロコシ**が大好物だ。**チューリップ**が咲いている庭に**クジャク**がやってきたのを**椅子**に座って見た。」（6個）

「手がかり再生」検査・パターンCの3枚目（1分間）

「これは、はさみです。これは、トラックです。

これは、メロンです。これは、ドレスです。

この中に、衣類があります。それは何ですか？　ドレスですね。

この中に、文房具があります。それは何ですか？　はさみですね。

この中に、果物があります。それは何ですか？　メロンですね。

この中に、乗り物があります。それは何ですか？　トラックですね。」

パターンC

出典：警察庁Webサイト 認知機能検査について

パターンCのおすすめ語呂合わせ

「夏も近づく八十八夜」のメロディーで、「♪きーかんじゅう（機関銃）おーやゆーび（親指）せーみ（セミ）うーしー（牛）どーれーす（ドレス）♪」（5個）

「手がかり再生」検査・パターンCの4枚目（1分間）

「これは、クジャクです。これは、チューリップです。

　これは、ドライバーです。これは、椅子です。

　この中に、大工道具があります。それは何ですか？　ドライバーですね。

　この中に、花があります。それは何ですか？　チューリップですね。

　この中に、鳥がいます。それは何ですか？　クジャクですね。

　この中に、家具があります。それは何ですか？　椅子ですね。」

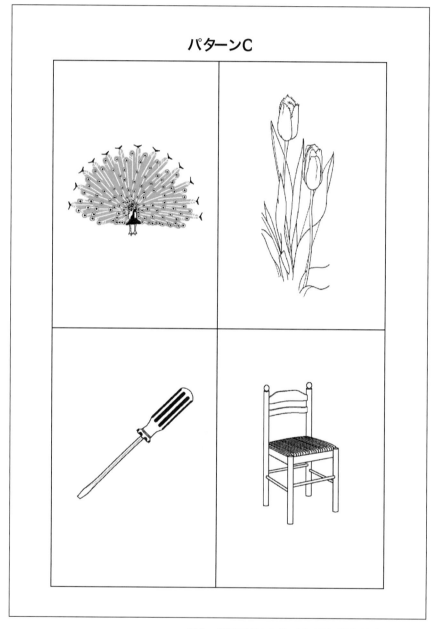

パターンC

出典：警察庁Webサイト 認知機能検査について

パターンCのおすすめオリジナルストーリー

「ナベでトウモロコシをゆで、椅子に座って食べた。トラックで運ばれた電子レンジを台所に置いたら、セミの鳴き声が聞こえてきた。」（6個）

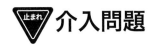 介入問題

「それでは、『5と9』に斜線を引いていただきます。」（30秒間）

「それでは、『1と4と8』に斜線を引いていただきます。」（30秒間）

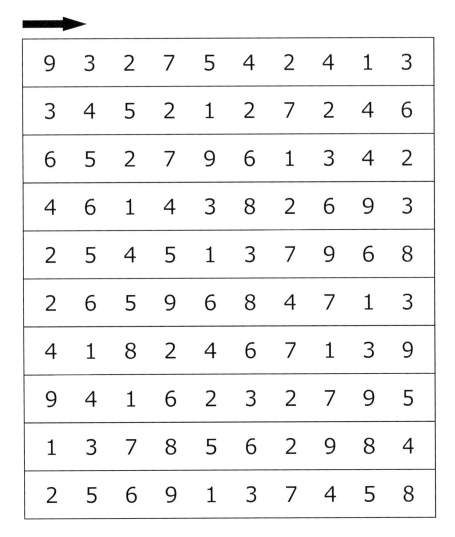

回 答 用 紙 1

9	3	2	7	5	4	2	4	1	3
3	4	5	2	1	2	7	2	4	6
6	5	2	7	9	6	1	3	4	2
4	6	1	4	3	8	2	6	9	3
2	5	4	5	1	3	7	9	6	8
2	6	5	9	6	8	4	7	1	3
4	1	8	2	4	6	7	1	3	9
9	4	1	6	2	3	2	7	9	5
1	3	7	8	5	6	2	9	8	4
2	5	6	9	1	3	7	4	5	8

※ 指示があるまでめくらないでください。

出典：警察庁Webサイト 認知機能検査について

▽ 自由回答（3分間）

「少し前に、何枚かの絵をご覧いただきました。何が描かれていたのかをよく
思い出して、できるだけ、全部書いてください。

　回答の順番は問いません。思い出した順で結構です。『漢字』でも『カタカナ』
でも『ひらがな』でもかまいません。間違えた場合は、二重線で訂正してくだ
さい。」

回　答　用　紙　2

1.	9.
2.	10.
3.	11.
4.	12.
5.	13.
6.	14.
7.	15.
8.	16.

※　指示があるまでめくらないでください。

出典：警察庁Webサイト　認知機能検査について

▽ 止まれ 手がかり回答（3分間）

「今度は、回答用紙にヒントが書かれています。それを手がかりに、もう一度、何が描かれていたのかをよく思い出して、できるだけ全部書いてください。

　それぞれのヒントに対して、回答は1つだけです。2つ以上は書かないでください。『漢字』でも『カタカナ』でも『ひらがな』でもかまいません。間違えた場合は、二重線で訂正してください。」

回 答 用 紙 3

1．戦いの武器	9．文房具
2．楽器	10．乗り物
3．体の一部	11．果物
4．電気製品	12．衣類
5．昆虫	13．鳥
6．動物	14．花
7．野菜	15．大工道具
8．台所用品	16．家具

※ 指示があるまでめくらないでください。

出典：警察庁Webサイト 認知機能検査について

▼ 時間の見当識（2分間）

「この検査には、5つの質問があります。左側に質問が書かれています。それぞれの質問に対する答えを右側の回答欄に記入してください。よくわからない場合でも、できるだけ何らかの答えを記入してください。空欄とならないようにしてください。

質問の中に『何年』の質問があります。これは『なにどし』ではありません。干支で回答しないようにしてください。『何年』の回答は、西暦で書いても、和暦で書いてもかまいません。和暦とは、元号を用いたいい方のことです。

鉛筆をもって、始めてください。」

回 答 用 紙 4

以下の質問にお答えください。

質　問	回　答
今年は何年ですか？	年
今月は何月ですか？	月
今日は何日ですか？	日
今日は何曜日ですか？	曜日
今は何時何分ですか？	時　分

出典：警察庁Webサイト 認知機能検査について

お疲れさまでした！　4日目は終了です！
87〜89ページを参考に、採点と判定を
行なってみましょう。

運転免許「認知機能検査」
５日間合格特訓ドリル

5 日目

　認知機能検査に向けた模擬練習の５日目は、手がかり再生の「パターンD」で行ないます。

　各ページに書いてある検査官の言葉に従って進めてください。

＊

　「自由回答」「手がかり回答」を行なうとき、検査官は「できるだけ全部答えるように」と指示しますが、全部答えられなくても問題ありません。「自由回答」で最低4個、それに加えて、「時間の見当識」で年月日と曜日を正しく記入すれば合格です。

　落ち着いて確実に回答しましょう。

▽ 認知機能検査用紙の表紙

「最初は、『名前』です。ご自分のお名前を記入してください。ふりがなはいりません。次は『生年月日』です。ご自分の生年月日を記入してください。」

認知機能検査検査用紙

名　前	
生年月日	大正 ____ 年 ____ 月 ____ 日 昭和

諸注意
1　指示があるまで、用紙はめくらないでください。
2　答を書いているときは、声を出さないでください。
3　質問があったら、手を挙げてください。

出典：警察庁Webサイト 認知機能検査について

「手がかり再生」検査・パターンDの1枚目（1分間）

「これは、刀です。これは、アコーディオンです。

これは、足です。これは、テレビです。

この中に、電気製品があります。それは何ですか？　テレビですね。

この中に、戦いの武器があります。それは何ですか？　刀ですね。

この中に、楽器があります。それは何ですか？　アコーディオンですね。

この中に、体の一部があります。それは何ですか？　足ですね。」

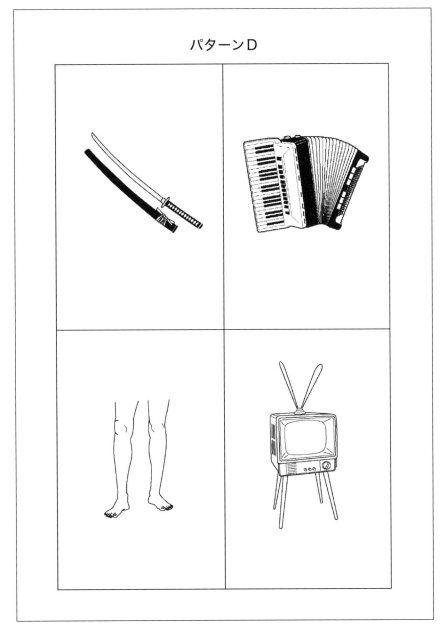

パターンD

出典：警察庁Webサイト　認知機能検査について

パターンDのおすすめ語呂合わせ

俳句調「筆・スズメ・ノコギリ・包丁・アコーディオン」（5個）

「これは、カブトムシです。これは、馬です。

これは、カボチャです。これは、包丁です。

この中に、台所用品があります。それは何ですか？　包丁ですね。

この中に、野菜があります。それは何ですか？　カボチャですね。

この中に、昆虫がいます。それは何ですか？　カブトムシですね。

この中に、動物がいます。それは何ですか？　馬ですね。」

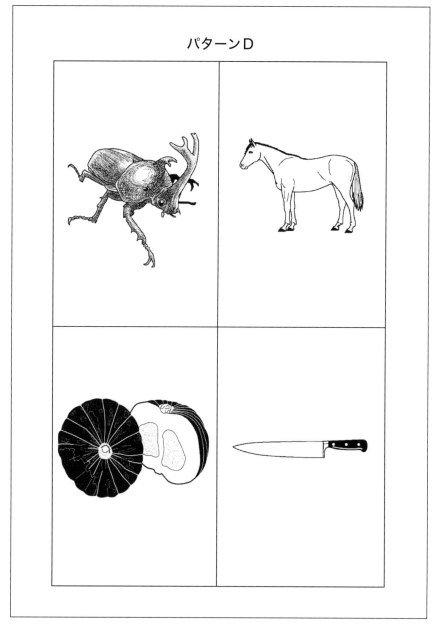

出典：警察庁Webサイト 認知機能検査について

パターンDのおすすめオリジナルストーリー

「**馬**に乗り、**ヒマワリ**が咲く野を駆けると、**ヘリコプター**が飛んでいた。帰宅して**ソファー**で足を休めたあと、**筆**をとって手紙を書いた。」（6個）

「手がかり再生」検査・パターンDの3枚目（1分間）

「これは、筆です。これは、ヘリコプターです。

　これは、パイナップルです。これは、ズボンです。

　この中に、文房具があります。それは何ですか？　筆ですね。

　この中に、衣類があります。それは何ですか？　ズボンですね。

　この中に、果物があります。それは何ですか？　パイナップルですね。

　この中に、乗り物があります。それは何ですか？　ヘリコプターですね。」

パターンD

出典：警察庁Webサイト 認知機能検査について

パターンDのおすすめ語呂合わせ

「仰げば尊しわが師の恩」のメロディーで、「♪アコーディオン、ヒーマーワーリ、ズーボーン、カーボチャー♪」（4個）

「手がかり再生」検査・パターンDの4枚目（1分間）

「これは、スズメです。これは、ヒマワリです。

　これは、ノコギリです。これは、ソファーです。

　この中に、鳥がいます。それは何ですか？　スズメですね。

　この中に、花があります。それは何ですか？　ヒマワリですね。

　この中に、家具があります。それは何ですか？　ソファーですね。

　この中に、大工道具があります。それは何ですか？　ノコギリですね。」

パターンDのおすすめオリジナルストーリー

「**ソファー**に座って**テレビ**で時代劇を見たら、腰に**刀**を差した侍が**馬**に乗っていた。庭では**ヒマワリ**が咲き、**スズメ**が鳴いていた。」（6個）

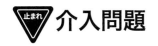

介入問題

「それでは、『3と6』に斜線を引いていただきます。」（30秒間）

「それでは、『2と7と9』に斜線を引いていただきます。」（30秒間）

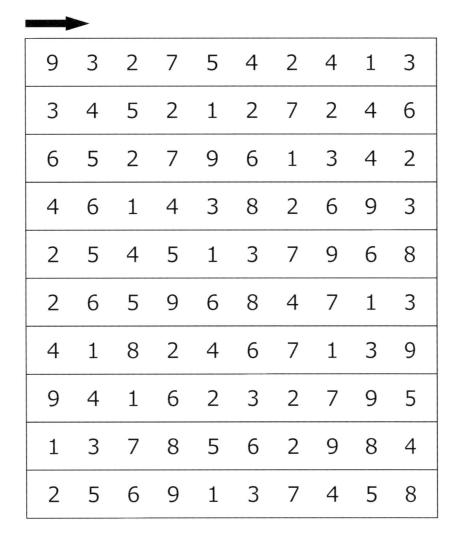

回　答　用　紙　1

9	3	2	7	5	4	2	4	1	3
3	4	5	2	1	2	7	2	4	6
6	5	2	7	9	6	1	3	4	2
4	6	1	4	3	8	2	6	9	3
2	5	4	5	1	3	7	9	6	8
2	6	5	9	6	8	4	7	1	3
4	1	8	2	4	6	7	1	3	9
9	4	1	6	2	3	2	7	9	5
1	3	7	8	5	6	2	9	8	4
2	5	6	9	1	3	7	4	5	8

※ 指示があるまでめくらないでください。

出典：警察庁Webサイト 認知機能検査について

▽止まれ 自由回答（3分間）

「少し前に、何枚かの絵をご覧いただきました。何が描かれていたのかをよく思い出して、できるだけ、全部書いてください。

　回答の順番は問いません。思い出した順で結構です。『漢字』でも『カタカナ』でも『ひらがな』でもかまいません。間違えた場合は、二重線で訂正してください。」

回　答　用　紙　2	
1.	9.
2.	10.
3.	11.
4.	12.
5.	13.
6.	14.
7.	15.
8.	16.

※ 指示があるまでめくらないでください。

出典：警察庁Webサイト 認知機能検査について

▽止まれ 手がかり回答（3分間）

「今度は、回答用紙にヒントが書かれています。それを手がかりに、もう一度、何が描かれていたのかをよく思い出して、できるだけ全部書いてください。

それぞれのヒントに対して、回答は1つだけです。2つ以上は書かないでください。『漢字』でも『カタカナ』でも『ひらがな』でもかまいません。間違えた場合は、二重線で訂正してください。」

回　答　用　紙　3	
1．戦いの武器	9．文房具
2．楽器	10．乗り物
3．体の一部	11．果物
4．電気製品	12．衣類
5．昆虫	13．鳥
6．動物	14．花
7．野菜	15．大工道具
8．台所用品	16．家具

※ 指示があるまでめくらないでください。

出典：警察庁Webサイト　認知機能検査について

▽ 時間の見当識（2分間）

「この検査には、5つの質問があります。左側に質問が書かれています。それぞれの質問に対する答えを右側の回答欄に記入してください。よくわからない場合でも、できるだけ何らかの答えを記入してください。空欄とならないようにしてください。

　質問の中に『何年』の質問があります。これは『なにどし』ではありません。干支で回答しないようにしてください。『何年』の回答は、西暦で書いても、和暦で書いてもかまいません。和暦とは、元号を用いたいい方のことです。

　鉛筆を持って、始めてください。」

回 答 用 紙 4

以下の質問にお答えください。

質　問	回　答
今年は何年ですか？	年
今月は何月ですか？	月
今日は何日ですか？	日
今日は何曜日ですか？	曜日
今は何時何分ですか？	時　分

出典：警察庁Webサイト 認知機能検査について

お疲れさまでした！　5日目は終了です！
87〜89ページを参考に、採点と判定を
行なってみましょう。

安心・安全な
ドライバーで
あり続けるために

　特定の11の交通違反をしたドライバーには、免許更新時に
「運転技能検査」が課せられます。

　本文でもふれますが、その理由は、特定の11の交通違反が
重大な交通事故につながりやすいという統計結果が出ているか
らです。

　今一度、ご自分の運転の仕方・状態を見直すためにも、11
の違反の内容と改善策をご確認ください。

　また、高齢者がより安心・安全に運転し続けるためのポイン
トも紹介していますので、あわせて参考にしてください。

11の違反と事故の "アブナイ" 関係

　本書の8ページで、免許更新前に「運転技能検査」が課せられる11の違反行為があることを紹介しました。どうしてわざわざ運転技能が試されるのかというと、**特にこの11の違反歴のある方は、重大な死亡・重傷事故を起こす確率が高い**という統計が出ているからです。

　下の一覧表をご覧ください。例えば「通行区分違反」の違反をした人10万人のうち、189.9人が重大な事故を起こしています。75歳以上のドライバーが重大事故を起こす全体の比率は、10万人のうち57.0人なので、通行区分違反をした方は、その3.3倍以上も重大事故を起こしていることになります。

　これらの違反をしてしまった方は、「自分はもう運転できないのだろうか」とか、「運転技能検査なんてお金もかかるし面倒だ」などと思わないでください。そうではなく、**「これを機に、自分の運転技術をもう一度高めて、より安心・安全なドライバーになる」**という前向きな気持ちで取り組んでください。

違反行為	死亡・重傷事故を起こした人（10万人当たりの人数）
①通行区分違反	189.9人
②携帯電話使用等	152.1人
③交差点右左折方法違反等	148.6人
④安全運転義務違反	140.7人
⑤信号無視	133.8人
⑥交差点安全進行義務違反等	131.0人
⑦速度超過	116.8人
⑧通行帯違反等	115.9人
⑨横断歩行者等妨害等	112.2人
⑩横断等禁止違反	114.7人
⑪踏切不停止等・遮断踏切立入り	109.3人

＊数値は2014〜2018年の5期平均（各年末を基準日とし、基準日の過去3年間の違反歴と基準日の翌1年間の死亡・重傷事故を集計）。
＊大型自動車、中型自動車、準中型自動車または普通自動車の運転に係る違反行為に限る。
出典：「改正道路交通法（高齢運転者対策・第二種免許等の受験資格の見直し）の施行に向けた調査研究・調査報告書」（警察庁）

　71ページ以降、これら11の違反の内容や、違反を避けるための注意ポイントなどを、順に紹介していきます。まだ違反をされていない方も、決して油断せず、今後違反行為を犯さないために、予防のポイントをしっかりと理解しておいてください。

①通行区分違反

「逆走事故」につながる、特に危険な違反

　昨今、テレビニュースなどで、「高速道路を乗用車が逆走」したと報道されることが増えつつあります。特に近年は「ドライブレコーダー」の映像が残っている場合があるので、反対車線を走る逆走車と、正しい方向に走っている車が恐ろしいスピードですれ違っている映像を見た方もいらっしゃるでしょう。実は高速道路では、2日に1度という高い頻度で逆走が発生しています。
　「通行区分違反」とは、右折専用レーンや左折専用レーンがあるにもかかわらず、別の車線から右折をしたり、左折をしたりしてしまう違反のことです。また、反対車線にはみ出したり、高速道路を逆走したり、歩道を走ったりしてしまうことも含まれます。特に高速道路の逆走は、死亡事故につながる確率がとても高いので、絶対に防がなければなりません。

重大事故はこうして起きる！

①高速道路の出入り口のカーブを曲がっているとき、方向がわからなくなり、反対車線に向けてハンドルを切ってしまう。
②高速道路の出口側から侵入し、そのまま逆走してしまう。
③高速道路の降りたい出口を通り過ぎ、あわてて本線の車道でUターンをして逆走してしまう。
④一般道で、車線変更をしたつもりで反対車線を走ってしまう。
⑤右左折時に反対車線に入ってしまい、そのまま逆走してしまう。

！ 予防のポイント

①標識や路面の表示をよく見る

　高速道路の出入り口（インターチェンジ）やジャンクション付近には、進行を指示する標識がたくさんあります。それらの表示を見落としたり、標識の内容が理解できないまま通過したりした際などに、逆走が起きる可能性が高まるので、標識や路面の表示などをしっかりと確認してください。表示を確認しやすいように、スピードを控えめにすることが大切です。

②逆走したら落ち着いて安全な場所に停車

　もしも逆走してしまい、それに気づいたときには、パニックにならず、まずは路肩の安全な場所に停車しましょう。そして110番通報をし、警察の指示を待ちます。あわててUターンなどを決してしないでください。

②携帯電話使用等
運転中のスマホやカーナビの操作は絶対ダメ！

「心ここにあらざれば、視れども見えず、聴けども聞こえず」という言葉があります。運転中にスマートフォン（スマホ）や携帯電話を操作したり、ハンズフリーではない通話をしたり、カーナビの画面をじっと見たり、地図の操作をしたりしていると、自分では前を見ているつもりでも見えておらず、周囲の音にも気づきにくくなり、とても危険です。

スマホや携帯電話、カーナビの操作中の事故が非常に多いことから、2019年に「ながら運転」の罰則が強化されました。法律が厳しくなったことで、2020年以降は、ながら運転の事故は減少しましたが、それでも事故は起きています。

「ながら運転をしたら交通違反で捕まるからしない」とか、「免許更新のとき、運転技能検査を受けたくないからしない」ではなく、**「ながら運転は重大事故につながるから絶対にしない」**という意識を持ってください。

予防のポイント

①信号待ちでもさわらない

走っている最中に携帯電話のメールの音がしたり、呼出音が鳴ったりすると、どうしても気になってしまいます。そのときは我慢をしたとしても、信号待ちで停車していると、つい携帯電話を手に取って確認しようとしてしまうこともあるでしょう。しかし、たとえ信号待ちの間であっても、携帯電話を手に持っているだけで違反にされる場合があるので、注意が必要です。

重要な用事があって、すぐにでも返事をしたりしないといけない場合は、必ず安全な場所に停車してから携帯電話の操作を行なってください。

②カーナビの操作は安全な場所に停車してから

信号待ちでカーナビの操作をしていると、つい画面を注視してしまい、信号が変わったことに気づかなかったり、視界の端で別の自動車が動いたのにつられて走り出したりしてしまうことがあります。不要な操作は行なわず、必要な操作をする場合には、必ず安全な場所に停車してから行なってください。

③交差点右左折方法違反等

右折時、左折時にあわてない

　認知機能検査では「時間の見当識」の問題が出されますが、時間だけでなく、「今自分がどこにいるのか」「どの方向を向いているのか」といった状況を把握する能力も見当識に含まれます。

　高齢になり、見当識が衰えると、運転中に自分がどこに向かって運転しているのかが、ふとわからなくなることがあるので注意が必要です。そんなとき、ふいに「あ、ここ右折するんだった！」と思い出し、あわてて曲がろうとするととても危険です。

　もしもあなたが急なハンドル操作で右折をしたり、左折をしたりしたら、周りにいた自動車、バイク、自転車、歩行者などは、その動きを予測することができず、衝突してしまう危険性が高まります。仮にあなたの車にぶつからなくても、突然進路をはばまれた他の自動車やバイク、自転車、歩行者などが「もらい事故」を起こしてしまうかもしれません。最悪の場合、あなたの自動車が他の人の命を奪ってしまうこともあり得ます。

❗ 予防のポイント

①出かける前に道順を確認しておく

　行ったことがない場所はもちろん、久しぶりに行く場所も含めて、事前に地図で道順を確認しておきましょう。カーナビの指示通りに運転すれば、おおむね大丈夫かもしれませんが、だからといってカーナビに頼り切りになると、自分自身で判断する力が衰えてしまいかねません。カーナビの操作を間違える可能性もありますので、出かける前の準備を確実に行なうことが大事です。

②その場であわてて曲がらない

　運転中、自分がいる場所がふとわからなくなったり、どっちに曲がったらいいのかがわからなくなったりしたときには、あわてて車線を変更したり、右左折をしたりしてはいけません。周りの状況をよく確認しながら、安全な場所で一度停車し、落ち着いて自分がいる場所を確認しましょう。そのうえで、どちらに進めばいいのかを判断してください。

④安全運転義務違反
アクセルとブレーキの踏み間違い

　高齢者が起こしやすい運転ミスとしてたびたび報道されるのが、いわゆる**「アクセルとブレーキの踏み間違い」**であり、それによる事故です。コンビニエンスストアの駐車場から店内に飛び込んでしまったり、最悪の場合、人を轢いてしまったりすることもあります。あるいは一般道を走行中、ブレーキのつもりでアクセルを深く踏み込んで急加速し、人や物などあちこちにぶつかりながら暴走してしまうケースもあります。これらは危険な運転をしたということで、**「安全運転義務違反」**に問われる事案です。

　アクセルとブレーキを踏み間違えたとき、いちばんいけないのは「パニックを起こすこと」です。間違えてアクセルを踏み込んだとき、とっさにブレーキに踏みかえることができれば、何かにぶつかる前に停車できるかもしれません。しかし、急発進・急加速して体に重力がかかり、姿勢が不安定な状態で、右足を素早く正確にブレーキペダルにもっていくのは、意外なほど難しいものです。車が加速したことに驚いて冷静さを失うと、なおさら踏みかえる動作ができず、さらにアクセルを踏み込んでしまい、状況を悪化させる危険もあります。

❗ 予防のポイント

①とにかく落ち着いて

　いくら急いでいるときでも、あせる気持ちで運転してはいけません。さっさと駐車場に停めて、さっさと買い物を済ませて帰宅したい気持ちがあっても、決してあせらず、周囲の安全確認をしっかりと行ない、運転の一つひとつの動作を確実に行ないましょう。確認や操作が「雑」になったとき、あるいは何か考えごとをしてしまったとき、注意散漫となってミスが発生します。

②車内で体を動かすときは慎重に

　例えば有料駐車場の入り口で、窓から腕を伸ばして駐車券を取るときや、その出口で精算機に駐車券と料金を入れるとき、ドライバーは上半身をひねる動きをします。その際、足元が不安定だと、ついグッと踏ん張ってしまい、誤ってアクセルを踏み込んでしまうケースが考えられます。

　そのほか、バックで駐車したり、方向転換をしたりする際、後方の状況がよく見えないこともあります。バックをする前には必ず停車しますから、面倒がらずにサイドブレーキを引き、一度車を降りて後ろを確認することも大事です。

⑤信号無視

信号機が見えていないことが多い

「赤信号」は、「停止線を越えて進んではいけない」という意味です。「青信号」は、「(歩行者や他の車などの状況がよければ) 進んでもよい」という意味です。決して「進め」と言われているわけではありません。「周囲が安全であれば、直進・右折・左折をしてもよい」と許可されているのです。

では「黄信号」はどうでしょうか。実は黄信号も赤信号と同じく「停止線を越えて進んではいけない」という意味です。ただし、「信号が黄色に変わった瞬間に、すでに停止線に自動車が近づき過ぎていて、停まるためには急ブレーキをかけなければいけない場合に限り、そのまま進むことができる」とされています。自動車に限ったことではありませんが、黄信号になると、「ここで停まるのは損だから、急いでわたってしまえ」とばかりに、停車どころか加速して進む方も少なくありません。厳密にはこれは違反なのです。

もちろん「故意に信号を無視して赤信号で進む」人はいないはずです。ではなぜ信号無視をしてしまうのかというと、特に高齢者の場合は、加齢によって「視野」が狭まり、**「信号機がしっかりと見えていない」** ことが一因として考えられます。あるいは運転に対する**集中力の低下**、慣れによる**油断**なども信号無視の原因になるでしょう。当然、交差する道路の信号は青なので、自動車も歩行者も目の前を横切ります。重大事故を引き起こさないように、信号には常に注意を払わなければなりません。

❗ 予防のポイント

①視野を広く保って信号は2回以上確認

高齢になると、自分では気づかないうちに視野が狭くなっていきます。それを補うためには、意識して首を上下左右に振り、できるだけ周囲の状況をよく見て把握する習慣をつけましょう。

信号機が視野に入ったら、信号までの距離や他の車や人など周辺の状況、信号が変わりそうなタイミングなどを把握するようにしましょう。

②高齢になるほどブレーキが遅れがちに

そのほか、加齢とともに「反射神経」が鈍り、アクセルからブレーキに踏みかえるのに時間がかかるようになります。そのせいで停止するまでの制動距離が延び、停止位置を越えてしまい、結果として信号無視になる場合もあります。視野を広く保ちながら、早めにブレーキを踏むよう意識しましょう。

⑥交差点安全進行義務違反等

交差点への進入・通過はとにかく慎重に

　交差点を進む際には、「信号機のない交差点では、優先道路を走行する車の進行を妨害してはいけない」「優先道路に進入する際には徐行しなければいけない」「右折・左折する際、ウインカーを出すのを忘れてはいけない」「交差点進入時・通行時には安全確認をしなくてはいけない」「信号機がなく、どちらも優先道路ではない交差点では、左側から進行してくる車を優先して行かせる（左方優先）」などのルールがあります。

「優先道路」とは、「信号機がない交差点で、走行優先順位が高い道路」のことです。例えば、優先道路では、交差点内にも「センターライン」が引かれています。これに対して非優先道路では、センターラインがないか、あったとしても、交差点の手前で途切れています。

　交通事故の半数以上は「交差点」で発生しています。別々の方向から来た車両同士が「出合い頭」でぶつかったり、右左折時にぶつかったりするケースが大半を占めています。

　とにかく、交差点を通過する際も、右左折する際も、常に周辺の状況に目を光らせて、安全な速度で運転することがとても大切です。

 予防のポイント

①ゆずられてもあわてず油断せず

　優先道路から非優先道路に右折しようとして、対向車が途切れるのを待っている状況があります。その際、対向車線が渋滞しているなどの理由で、対向車が交差点の手前で停止し、「どうぞ曲がってください」とゆずる合図をされたとします。ゆずってもらった側としては、「先に行かせてくれてありがとう。早く右折して通過しないと申し訳ない」という気持ちが起こり、少し急いで右折しそうになりがちです。しかし、停まってくれた対向車の陰からオートバイや自転車が飛び出して、衝突してしまう危険性があるので注意しなければなりません。これを**「サンキュー事故」**と言います。ゆずられてもあわてず、油断せず、しっかりと安全を確認してから右折しましょう。

②迷ったら停止する

　やはり右折時に、対向車が少し途切れて、行けるかどうか迷うような場面がよくあります。迷ったときは進まずに停止しておきましょう。仮に対向車が途切れていても、死角から自転車が飛び出すことも！　油断は禁物です。

⑦速度超過
場所ごとに適切なスピードで走行する

「速度超過」とはいわゆる「スピード違反」のことです。何をもってスピード違反となるかには、2つの要素があるので、おさらいしておきましょう。

　自動車等が超えないようにしなければいけない「スピードの上限」には、次の2種類があります。ひとつは、道路ごとに定められ、「道路標識等」で示されている「制限速度」という最高速度です。もうひとつは、政令で定められた「法定速度」という最高速度です。

　制限速度とは、大雑把にいえば、狭くて見通しが悪い道路ほど低く、広くて見通しがよい道路ほど高く設定された、「出してもいい速度の上限」であるといえます。例えば街中の狭い道路では、速度の上限が時速30キロとか時速40キロくらいに制限されていることが多いでしょう。反対に、郊外のやや開けた道路では、時速50キロくらいに決められていることが多いはずです。

　法定速度とは、道路と車両の種類ごとに定められた速度の上限のことです。自動車の法定速度は、一般道では時速60キロ、高速道路では時速100キロとなっています。原動機付自転車は時速30キロです。道路標識で「制限速度」が定められていない一般道路では時速60キロ以下、同じく高速道路では時速100キロ以下で走らなければいけないということです。

！ 予防のポイント

①速度が上がれば危険度も上がる

　スピードを出せば出すほど、運転操作が難しくなるとともに、自動車が路面をしっかりとらえて走りにくくなり、ブレーキも効きにくくなります。その結果、カーブ・交差点で曲がり切れずに対向車線にはみ出したり、急な飛び出しがあったとき、短い距離で停車するのが難しくなったりします。スピードを出せば出すほど、危険度がどんどん増していくと心得てください。

②制限速度・法定速度を守ればいいわけではない

　制限速度や法定速度を守りさえすれば、それだけで安全に走れるというわけではありません。例えば近くに学校や公園があるような場所では、子どもが飛び出す可能性があるため、仮に制限速度が時速30キロだったとしても、それ以下に落とさなければ安全に停まれないと判断される場合があるでしょう。

　自動車の性能も関係があります。ブレーキがよく利く車よりも、ブレーキの利きが弱い車のほうが、安全に停まれる速度が低くなるのは当然です。

⑧通行帯違反等
「追い越し車線」は追い越すときだけ

「通行帯違反等」は、やや聞き慣れない違反の名称でしょう。通行帯とは、いわゆる「車線」のことです。例えば高速道路で片側2車線だった場合、左側が「走行車線」で、右側が「追い越し車線」と呼ばれていることはよく知られています。この「追い越し車線」を、前走車を追い越す目的がないのに、長々と走り続けることを「通行帯違反」と言うのです。

　自動車は基本的に走行車線を走り続けるもので、前を走る車の速度が遅いとき、それを追い越す間だけ追い越し車線を走るというのが基本です。これは高速道路だけではなく、一般道においても、片側2車線以上ある道路では、いちばん右が追い越し車線で、それ以外は走行車線となり、高速道路と同様のルールが課せられることになります。

　ただし、高速道路でも一般道でも、追い越し車線を何キロメートルくらい走り続けたら違反になるのか、という基準は設けられていません。そのため距離は明確ではありませんが、基本的には、「追い越したあと、車間距離が充分取れるくらい先行し、その後すみやかに走行車線に戻る」ようにすれば、まず無難に走れるでしょう。

❗ 予防のポイント

①「走行車線」と「追い越し車線」を使い分ける

　その場の道路の状況や交通量によって、追い越すときだけ追い越し車線を使い、すぐに走行車線に戻るのが難しい場合もあるでしょう。それでも日頃から**「追い越さないときは走行車線を使い、追い越すときだけ追い越し車線を使う」**ということを心がけていれば、違反も事故も減らせるはずです。

②後ろから近づく車に気をつける

　追い越し車線を走っているとき、後方から自分よりも速度の速い車が近づいてきた場合には、**すみやかに走行車線に戻るようにしましょう**。なかなか戻れなくて、後ろの車がライトを点滅させてパッシングをしてきたり、あおり運転のようなことを始めたりしても、あわてず落ち着いて走行車線に戻ることが肝心です。

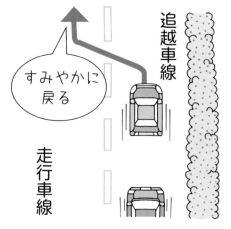

⑨横断歩行者等妨害等
横断歩道の手前で必ず停まれる運転を

　近年、自動車の安全性能が著しく向上したこともあって、かつて「交通戦争」と呼ばれた時代に比べると、交通事故による死者数は著しく減少しています。だからといって、一般道では自動車と歩行者がごく近い場所を通行している状況に、変わりはありません。そして、走行中の自動車が生身の人間に接触してしまった場合、大けがをさせてしまう確率がとても高く、最悪の場合、命を奪ってしまう危険性もあるのが現実です。

　ドライバーは、信号機のない横断歩道を横断中か、あるいは横断しようとしている歩行者を認めた際、必ず横断歩道の手前で一旦停止して、歩行者に進路をゆずる必要があります。そのためには、信号機のない横断歩道に近づいたら、その手前で停止できる範囲のスピードで進行しなければいけません。

予防のポイント

①道路を横断しようとしている歩行者がいたら必ず停車する

　前方に横断歩道があり、道路を横断しようとしている歩行者が、道路脇に立っていたとします。そしてその人があなたの車を見つけて、あなたの車が通り過ぎるのを待っているように見えることがあります。そんなとき、「あの人は待っていてくれるのだから、早く通り過ぎよう」と思って、通過してはいけません。その瞬間、あなたは **「歩行者妨害」** という交通違反を犯したことになるのです。相手が待っているように見えたとしても、必ず停車し、先に道路を渡ってもらわなければなりません。

②「かもしれない運転」に徹する

　一般道でもどこでも、予想もしない事態が起こることがあります。例えば横断歩道を横断中の歩行者が、忘れ物を思い出し、突然振り返ってもと来た方向に走り出すかもしれません。「もう渡っただろう」という憶測で運転し、アクセルを踏んで加速を始めていたら、その人に接触してしまうこともあります。歩行者は自分が予期しない動きをする **「かもしれない」** という前提で、常に意識を張り巡らせておくことが大切です。

⑩横断等禁止違反
危険な「右横断」「Uターン」「後退」

「横断等禁止違反」には、「法定横断等禁止違反」と「指定横断等禁止違反」の2種類があります。

　法定横断等禁止違反は、他の車両等の通行や歩行者を妨害するおそれがあるときに、道路を横断したり、Uターンしたり、後退したりする違反のことです。例えば片側二車線の交通量の多い道路を走っていて、その道路の対向車線を横切り、右側にある駐車場等の施設に入ろうする動きを「横断」「右横断」などと呼びます。これはとても危険であり違反と判断されます。また、交通量の多い道路でUターンやバックをするのも危険であり、やはり禁止されています。

　これに対して指定横断等禁止違反は、道路標識によって「横断」「Uターン」「後退」が禁止されている場所でのこれらの行為を指します。

予防のポイント

①道路標識に注意する

　Uターンを禁止する**「転回禁止」**の標識はよく見かけますが、**「横断」**を禁止する**「車両横断禁止」**の標識は、あまり見慣れていないかもしれません。こちらの標識をよく覚え、運転時に見落とさないように気をつけてください。

転回禁止

車両横断禁止

②道を間違えてもあわててUターンしない

　自動車で目的地に向かっている途中、曲がろうと思っていた交差点をうっかり通り過ぎてしまったとします。そんなとき、特に高齢ドライバーの方の中には、ミスを取り戻そうとしてあわててUターンを試みる人も少なくありません。たとえ曲がるべき交差点を通り過ぎたとしても、あわてず騒がず、次に安全に曲がれる交差点まで進み、その先の交通量の少ない安全な場所で車をUターンさせるようにしてください。運転中、常に冷静さを維持し、たとえ道を間違えても、落ち着いて対処できるよう心がけましょう。

⑪踏切不停止等・遮断踏切立入り
踏切の通過には細心の注意を

踏切がとても危険な場所であることは、どなたもよくご存じでしょう。大きくて重い列車は制動距離が長いので、万が一踏切内で自動車を立ち往生させた場合、激突する確率が非常に高く、列車のスピードによっては車が大破してしまいます。仮に衝突前に車から脱出できたとしても、大きな被害が発生するのは避けられません。だからこそ、**踏切の手前で一時停止し、安全確認をしてから通行する**ことが定められているのです。また、警報機が鳴り始めてから鳴り終わるまでの間、踏切内に立ち入ることはできません。

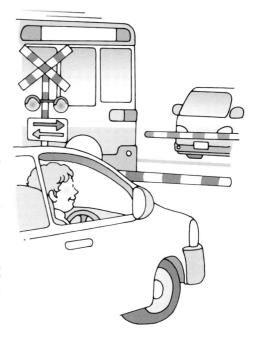

数は多くありませんが、踏切と信号機が一体となっている場所があります。そのような踏切に関しては、青信号の間、一時停止せずに進行してもいいことになっています。

 予防のポイント

①踏切を渡った先のスペースを確認する

道路が渋滞しているとき、踏切を渡った先にも自動車が連なって停まっていることがよくあります。もしも前の車が踏切のすぐ先に停まっていて、踏切の向こう側に、自分の車が進めるスペースが残されていない場合、踏切内に進入してはいけません。踏切内に入り、前の車がまだ動き出さないタイミングで列車が近づいてきた場合、重大事故が避けられなくなるからです。踏切を渡る前に、必ず踏切の向こう側のスペースを確認することが大切です。

②見通しがよい踏切でも一時停止を怠らない

郊外にある踏切で、周囲の見通しがよく、列車の本数が少ないとわかっている場合でも、決して油断せずに一時停止を行ない、渡るときは一気に渡り切るようにしましょう。

たとえ低い確率でも、踏切内で自動車が脱輪したり、何らかの故障でエンジンが停止したりする可能性がゼロではありません。列車との衝突は必ず重大事故につながることを忘れてはいけません。

安全運転の心得①

運転の前にできること・考えること

本書では、認知機能検査に合格するための対策やトレーニング、事故につながりやすい交通違反への対処の仕方などを説明してきました。

その究極の目的は、高齢者の方々が「事故を起こさないよう安全に運転し、その便利さをなるべく長く維持していただくこと」です。ここからは、安全運転に役立つさまざまな情報を紹介していきます。

 あらゆる方法で事故の確率を下げましょう

運転を始める前に、以下のことを行なったり、注意したりしましょう。

①「高齢運転者標識」を車に貼っておく

70歳を越えたら、**高齢運転者標識（通称・高齢者マーク）**を自動車に貼ることをおすすめします。義務ではなく、つけなくても罰則はありませんが、これを貼っておくことで周囲の運転手に配慮してもらえるため、事故の危険度をある程度下げる効果があると言えます。

②自分の体調をよく確認する

体調が悪いと集中力が下がり、注意散漫になり、反応が鈍くなるなどして、事故や違反をする可能性が高くなります。出かける前に、しっかりと運転できる体調かどうかをご自分でよく確認してください。

③運転前に軽く運動をする

高齢者に限らず、朝の眠気が残っている時間帯や、食後の眠くなりやすい時間帯は、居眠り運転の危険性が高まります。運転前に体操をしたり、ウォーキングをしたりするなどして、頭と体をすっきりさせましょう。

④出発前に道順を確認しておく

出かける前に、目的地までの道順を確認し、頭に入れておきましょう。これだけでかなり気持ちにゆとりをもって運転できます。道を決める際、交通量が多い道路はなるべく避けるようにするとよいでしょう。

⑤雨の日、夜間は運転をひかえる

雨の日は視界が悪く、ブレーキも晴れの日より制動距離が延びやすく、水たまりなどでスリップしやすくなるので、できるだけ運転はしないようにしてください。加齢によって視力が衰え、視野も狭くなってくるので、夜間の運転も避けることをおすすめします。**「君子危うきに近寄らず」**の心境で、事故を未然に防ぐようにしましょう。

安全運転の心得②

適切な姿勢で運転する

　正確に、素早く、無理なく運転操作を行なうためには、運転席に正しい姿勢で座ることがとても大切です。運転姿勢を整えることで、「適切にハンドルを切る」「アクセルやブレーキを最適な力で踏む」「ゆとりをもって周囲の状況を見渡す」といったことが可能になるからです。

運転姿勢のチェックポイント

①背もたれを起こし、シートに深く腰かけることで、運転中に体がぶれにくくなり、手足の操作がしやすくなります。

②シートの位置は、後ろに下げすぎず、前に寄せすぎず、ブレーキをいっぱいに踏み込んでもひざが少し曲がる程度の距離に調節します。

③ハンドルを両手で握ったとき、ひじが伸びすぎず、ハンドルに近づきすぎず、ひじがやや曲がった状態を保てるようにします。ハンドルの高さや前後の位置が調整できる場合は、最適な位置になるように調節します。

④着座したら、シートベルトをきちんと締めましょう。このとき、シートベルトがねじれないよう気をつけます。

⑤オートマチック車に乗られている方が大半だと思われます。左足はフットレストに乗せて固定し、右足はアクセルの手前あたりに置きます。発車前に、アクセルとブレーキに足を置いて、それぞれの位置を確認しておきましょう。ペダルの位置を脳に覚えさせることで、操作ミスを減らします。

⑥走り出す前に、ルームミラーとサイドミラーの角度を確認します。ルームミラーを見て、きちんと後方が見えているかどうかを確認し、サイドミラーは、乗っている車のボディが少し映る角度に調節するといいでしょう。

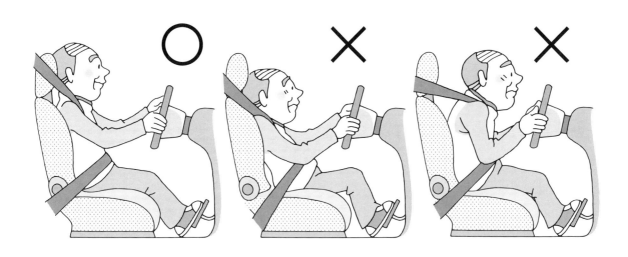

安全運転の心得③

認知機能を保つ・高める

　ここで改めて、「認知機能」と「自動車の運転」との関係性について確認しておきましょう。認知機能とは、「理解力」「判断力」「記憶力」「言語能力」「計算能力」などを指します。

　車を運転する際には、歩行者、信号、標識、他の自動車など、周囲の状況を「認知」したうえで、進むのか、停まるのか、曲がるのかといった行動を「判断」しなければなりません。そのうえで、ハンドル、アクセル、ブレーキなどを正しく「操作」して、車を安全に走らせていくわけです。

　認知機能が低下することで、この「認知」「判断」「操作」の連携が悪くなり、だんだん噛み合わなくなっていきます。高齢になるほど事故の確率が高くなっていくのは、こうした理由によります。だからこそ、免許証を維持するためには、認知機能をしっかりと保っていくことが重要になるのです。

 ## 認知機能を保ち、安全運転を続けるポイント

①料理をつくる

　料理をするには、献立を考え、必要な食材をそろえ、レシピに従ってさまざまな作業を行なわなければなりません。このとき、「頭で考え」ながら「手を動かす」ことによって、「2つのことを同時に行う」状態になり、脳が鍛えられていきます。その他、「本を音読しながら書き写す」という方法も有効です。

②前頭連合野と頭頂連合野を鍛える

　前頭連合野は「集中力」にかかわり、頭頂連合野は「空間把握能力」をつかさどっており、どちらも運転には非常に重要な認知機能です。これらを鍛えるには、「間違い探し」「ジグソーパズル」「迷路」などを行なうのが最適です。

③ラジオ体操をする

　脳の指令に素早く反応できる身体を維持することも重要です。手軽にできておすすめなのが「ラジオ体操」です。短い時間で全身の筋肉を動かせるよう考えられているため、血液の循環、脳への酸素の供給がしっかりと行なわれるようになります。耳をもみほぐしたり、深呼吸をしたりするのも効果的です。

安全運転の心得④

「予測力」を鍛えて事故を未然に防ぐ

　ベテランドライバーのみなさんにとっては、すでによくご理解されていることと思いますが、自動車の運転とは、「予測に次ぐ予測の連続」で成り立っているとも言えます。常に周りの状況を見ながら、次に起こるかもしれないさまざまな事態を予測し、それが事故につながらないように、適切に自動車を動かしていくということです。

運転中に予測すべきポイントの例

- 駐車している自動車に人は乗っているか。その人はドアを開くだろうか。
- 駐車している自動車の向こう側から、人や自転車が出てこないだろうか。
- 前を走っている車は、このあと直進するのか、右折するのか、左折するのか。
- 後ろを走っている車はきちんと車間距離を取ってくれるだろうか。
- 物陰から人や自転車、オートバイが飛び出してこないだろうか。
- 右折しようとしている対向車は、自分が通過するまで待ってくれるだろうか。
- バス停でバスから降りた人が、急に道路を渡らないだろうか。
- 進行方向の歩行者用信号が点滅している。自動車用の信号はもうすぐ黄色に変わるだろうか。
- 左後方、右後方の死角に、オートバイや自転車が走っていないだろうか。
- 死角を走っているオートバイや自転車は、自分の車の存在を認識しているか。
- 前を走っているトラックの荷物は崩れそうになっていないだろうか。
- 道路に面した駐車場から、自動車が急に出てこないだろうか。
- 前を走っているタクシーが、お客を見つけて急停車しないだろうか。
- 水たまりに枯葉が散っている。ブレーキを踏んでスリップしないだろうか。
- 右折した先、左折した先に、歩行者や自転車はいないだろうか。

安全運転の心得⑤

「補償運転」を習慣づける

「補償運転」という言葉をご存じでしょうか。どんなに運転が上手だった人でも、どんなに元気で体力があった人でも、どんなに頭脳明晰な人でも、高齢になると、少しずつ「運転能力」は低下していくものです。

では、どうすれば安全運転を続けられるのかというと、ひと言で言えば「安全マージン」をより多く取る、ということです。事故が起こりやすい状況を極力避け、余裕をもって運転できるときだけハンドルを握るようにするのです。

 ## 補償運転のポイント

①運転計画に余裕をもたせる

早めの出発で時間に余裕をもたせて、一度に走る距離も短めにしておきます。気持ちも体力もゆとりをもって運転すれば、事故の確率は下がります。

②悪条件では運転しない

82ページでもふれましたが、雨の日や夜間など、危険度が高まる状況での運転をひかえることで、事故の確率を下げることができます。

③速度を抑える

自動車の運転がお好きな人ほど、スピードを出しがちな傾向があります。しかし若い頃よりも反射神経等が鈍っていることを考慮し、以前よりもスピードを出さないように気をつけましょう。

④危険を避ける

危ない運転をしている車や、車道を猛スピードで走る自転車などに近づかないようにします。距離を取れば、事故に巻き込まれる確率が下がります。

⑤精神状態を安定させる

イライラやあせりは運転操作を誤らせる原因になります。何か心配事があって、運転中に考えごとをするのもよくありません。精神的に不安定な状態のときは、運転しないようにしましょう。運転中にイライラしたときには、停車して休憩するなど、気分転換を図るとよいでしょう。

心身ともにゆとりをもち、補償運転を習慣にすることで、事故の確率は大幅に減らすことができるはずです。認知機能検査に合格し、無事に免許の更新ができたら、いっそう安全運転を心がけ、豊かで便利な生活を維持できるようにしてください。どうかみなさま、ご安全に！

模擬練習の回答・採点・採点基準

模擬練習の回答を終えたら、採点を行なってみてください。89ページの判定方法に従って総合点を算出し、判定の目安としてください。

介入問題 [該当ページ：23・37・55・65]

配　　点　なし

採点基準　☞手がかり再生の出題から回答までに一定時間を設けることが目的の課題で、配点はなし。

自由回答・手がかり回答
[該当ページ：25・27・38・39・56・57・66・67]

配　　点　最大32点

採　　点

自由回答および手がかり回答の両方正答	自由回答のみ正答	手がかり回答のみ正答
2点	2点	1点

ヒント	1日目	2日目	4日目	5日目
戦いの武器	大砲	戦車	機関銃	刀
楽器	オルガン	太鼓	琴	アコーディオン
体の一部	耳	目	親指	足
電気製品	ラジオ	ステレオ	電子レンジ	テレビ
昆虫	テントウムシ	トンボ	セミ	カブトムシ
動物	ライオン	ウサギ	牛	馬
野菜	タケノコ	トマト	トウモロコシ	カボチャ
台所用品	フライパン	ヤカン	ナベ	包丁
文房具	ものさし	万年筆	はさみ	筆
乗り物	オートバイ	飛行機	トラック	ヘリコプター
果物	ブドウ	レモン	メロン	パイナップル
衣類	スカート	コート	ドレス	ズボン
鳥	にわとり	ペンギン	クジャク	スズメ
花	バラ	ユリ	チューリップ	ヒマワリ
大工道具	ペンチ	カナヅチ	ドライバー	ノコギリ
家具	ベッド	机	椅子	ソファー

採点基準　☞自由回答：回答の順序は採点に影響しません。
　　　　　☞手がかり回答：回答の順序は採点に影響しません。
　　　　　　回答がヒントに対応していない場合でも、正しい単語が記入されていれば正答（ヒントが文房具で回答がペンチの場合など）。
　　　　　　ひとつの回答欄に２つ以上の回答を記入すると誤答。
　　　　　　誤字脱字があっても意図が合っていれば正答。

時間の見当識 [該当ページ：29・40・58・68]

配点 最大15点

問題	正答の点数
年	5点
月	4点
日	3点
曜日	2点
時間	1点

採点基準

☞ 年：西暦・和暦どちらでもかまいませんが、検査時の元号以外の元号を用いた場合は誤答（令和5年を平成35年とした場合など）。西暦「2023年」と回答する意図で「23年」と省略したと判断された場合は正答。

☞ 時間：検査時の今時刻を記入し、そこから前後30分以上ずれている場合は誤答。「午前」「午後」の記載の有無は問われない。

回答が空欄の場合は加点されないので注意しましょう。

判定方法と分類

「自由回答・手がかり回答」と「時間の見当識」の2つの回答と採点が済んだら、下記の計算式に当てはめて、判定を行なってみましょう。

1 自由回答・手がかり回答

$$\boxed{} \text{点} \times 2.499 = \boxed{} \text{点}$$

2 時間の見当識

$$\boxed{} \text{点} \times 1.336 = \boxed{} \text{点}$$

総合点　1 ＋ 2 ＝ $\boxed{}$ 点

※小数点以下は切り捨て。

判定結果

総合点が **0〜36** 点未満	総合点が **36** 点以上
⬇	⬇
認知症のおそれがある	認知症のおそれがない

⚠ 判定結果についての注意点

☑ 認知機能検査は判断力や記憶力を簡易に確認するためのもので、医学的に診断を行なうものではありません。

☑ 本書の模擬練習や実際の検査で「認知症のおそれがある」という判定になっても、ただちに認知症が確定することはありません。

☑ 判定結果から認知症に不安を感じたときは、ご家族や医師に相談してください。

☑ 運転に不安を感じる場合は、運転免許の自主返納を検討しましょう。

脳を活性化! 耳マッサージ

1 耳をうしろから前へたたむ

手の小指側を耳のうしろに当て、手を前に向かってずらす。
耳をたたんだ状態で3秒維持。両方の耳を同時に。

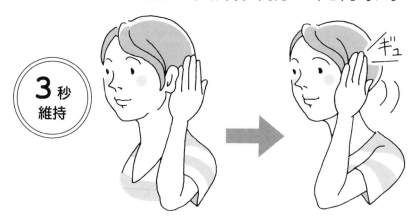

3秒維持　→　ギュ

2 耳を下から上へたたむ

手の小指側を耳たぶの下に当て、手を上に向かってずらす。
耳をたたんだ状態で3秒維持。両方の耳を同時に。

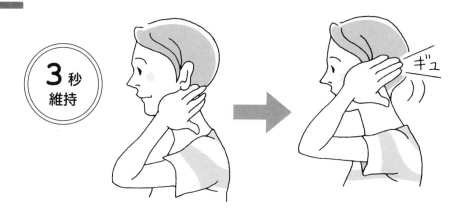

3秒維持　→　ギュ

3 耳を上から下へたたむ

手の親指側を耳の上に当て、手を下に向かってずらす。
耳をたたんだ状態で3秒維持。両方の耳を同時に。

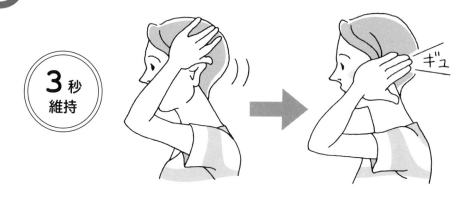

3秒維持　→　ギュ

耳には全身を活性化するツボがあると言われており、耳マッサージは全身のツボを刺激するのと同じくらいの効果があると考えられています。耳マッサージで脳の血流も向上するため、認知症などの予防にも効果が期待できます。

4 耳を横・上・下に引っぱる

痛くない程度に両耳を真横に引っぱって3秒維持。
上・下にも引っぱり、それぞれ3秒維持。

5 耳全体をもむ

親指と人差し指で、気持ちのいい強さで耳全体をもむ。
最後に耳珠（耳穴手前の突起部分）をつまんで刺激する。

6 耳を回す

耳のふちをつまんで引っぱりながら、上から下へ半円を描くように回す。同様に、下から上へ回す。上→下、下→上を3回ずつ。

認知機能検査 Q&A

Q1 検査は、どのような人が実施しているのですか？

A1 公安委員会から委託や認定を受けた機関が検査を実施する場合、21歳以上の者であって、検査の実施に必要な技能及び知識に関する公安委員会（警察）が行なう講習を終了した者または検査の実施に必要な技能及び知識に関する公安委員会（警察）が行なう審査に合格した者が、検査を実施することとされています。

Q2 運転免許証の更新がしたいのですが、普段、車を運転することはありません。それでも検査を受けなければならないのですか？

A2 免許証の更新期間が満了する日における年齢が75歳以上の方が免許証を更新するためには、普段の運転頻度にかかわらず、検査を受けていなければなりません。

　なお、Q3に該当する場合は、受検義務が免除されます。

Q3 認知機能検査はどのような場合に免除されるのですか？

A3 免許証の更新期間が満了する日前6月以内に、①臨時適性検査を受けた方や診断書提出命令を受けて診断書を公安委員会に提出した方、②認知症に該当する疑いがないと認められるかどうかに関する医師の診断書等を公安委員会に提出した方等は、受検義務が免除されます。

　詳しくは、運転免許試験場・センター等にお問い合わせください。

Q4 検査の結果が出たのですが、今後どのようになるのですか？

A4 「認知症のおそれがある」と判定された方は、公安委員会（警察）の通知により、認知症について臨時適性検査（専門医の診断）を受けるか、診断書提出命令により医師の診断書を提出しなければならず、診断の結果によっては、聴聞等の手続きを経たうえで運転免許の取消し等がなされます。

Q5 検査の結果、「認知症のおそれがある」と判定されたのですが、再度、受検することはできますか？

A5 検査は何回でも受けることができますが、受けるたびに手数料が必要です。再受検し、「認知症のおそれがない」と判定された場合は、臨時適性検査または診断書提出命令の対象となりません。

Q6 検査の結果、「認知症のおそれがある」と判定されたのですが、私は認知症なのですか？

A6 検査は、検査を受けた方の認知症のおそれの有無を簡易な手法で確認するもので、医学的な診断を行なうものではありませんので、検査の結果、「認知症のおそれがある」と判定されても、ただちに認知症であるというわけではありません。

認知症であるかどうかについては、医師による診断によりますので、医師やご家族に相談されることをおすすめします。

Q8 検査で「認知症のおそれがある」と判定され、運転することが不安なのですが、どこに相談すればよいですか？

A8 運転に不安がある方などの相談窓口として、運転免許試験場等で安全運転相談を行なっていますので、そちらにご相談ください。また、認知症については、医師に相談されることをおすすめします。

Q9 私の父（母）は認知症です。免許を取り消してほしいのですが、どこに相談すればよいですか？

A9 運転免許試験場・センターに設置されている安全運転相談窓口や、お近くの警察署に相談してください。

Q7 検査の結果、「認知症のおそれがある」と判定されたのですが、これからも運転してもよいですか？

A7 検査の結果、「認知症のおそれがある」と判定された方であっても、ただちに運転免許が取り消されるわけではありません。

ただし、記憶力・判断力が低下すると、信号無視や一時不停止の違反をしたり進路変更の合図が遅れたりする傾向が見られますので、今後の運転について充分注意するとともに、医師やご家族に相談されることをおすすめします。

Q10 検査を受けずに運転免許証を返納したいのですが、返納の手続きを教えてください。

A10 身体能力の低下を理由として自動車の運転をやめたいという方は、申請により、運転免許の取り消しを受けることができます。

運転免許の取り消しを申請し、その運転免許を取り消された方及び運転免許が失効した方は、本人確認書類として利用できる運転経歴証明書の交付を申請することができます（自主返納後または失効後5年以内）。

このほか、例えば、大型免許を保有している方が、大型免許の取り消しを申請して、普通免許を残すということもできます。この場合は、運転経歴証明書の交付を受けることはできません。具体的な手続きについては、運転免許試験場・センターまたは警察署にお問い合わせください。

出典：警察庁WEBサイト　認知機能検査　Q＆A

\check!/ 運転時認知障害早期発見チェックリスト**30**

特定非営利活動法人高齢者安全運転支援研究会　【監修】浦上克哉

日常生活の中では気づきにくい初期の認知機能の衰えも、自動車を運転する行為には比較的表れやすく、この認知症予備群とも言える軽度認知障害の人が運転時に表われやすい事象をまとめたものです。5項目以上該当する人は、認知機能の病的障害を念頭に専門機関で診てもらうなどの目安として活用し、安全運転に心がけてください。
さぁ、それではやってみましょう！

1. ☐ 車のキーや免許証などを探し回ることがある。
2. ☐ 今までできていたカーステレオやカーナビの操作ができなくなった。
3. ☐ トリップメーターの戻し方や時計の合わせ方がわからなくなった。
4. ☐ 機器や装置（アクセル、ブレーキ、ウィンカーなど）の名前を思い出せないことがある。
5. ☐ 道路標識の意味が思い出せないことがある。
6. ☐ スーパーなどの駐車場で自分の車を停めた位置が分からなくなることがある。
7. ☐ 何度も行っている場所への道順がすぐに思い出せないことがある。
8. ☐ 運転している途中で行き先を忘れてしまったことがある。
9. ☐ よく通る道なのに曲がる場所を間違えることがある。
10. ☐ 車で出かけたのに他の交通手段で帰ってきたことがある。
11. ☐ 運転中にバックミラー（ルーム、サイド）をあまり見なくなった。
12. ☐ アクセルとブレーキを間違えることがある。
13. ☐ 曲がる際にウインカーを出し忘れることがある。
14. ☐ 反対車線を走ってしまった（走りそうになった）。
15. ☐ 右折時に対向車の速度と距離の感覚がつかみにくくなった。
16. ☐ 気がつくと自分が先頭を走っていて、後ろに車列が連なっていることがよくある。
17. ☐ 車間距離を一定に保つことが苦手になった。
18. ☐ 高速道路を利用することが怖く（苦手に）なった。
19. ☐ 合流が怖く（苦手に）なった。
20. ☐ 車庫入れで壁やフェンスに車体をこすることが増えた。
21. ☐ 駐車場所のラインや、枠内に合わせて車を停めることが難しくなった。
22. ☐ 日時を間違えて目的地に行くことが多くなった。
23. ☐ 急発進や急ブレーキ、急ハンドルなど、運転が荒くなった（と言われるようになった）。
24. ☐ 交差点での右左折時に歩行者や自転車が急に現れて驚くことが多くなった。
25. ☐ 運転しているときにミスをしたり危険な目にあったりすると頭の中が真っ白になる。
26. ☐ 好きだったドライブに行く回数が減った。
27. ☐ 同乗者と会話しながらの運転がしづらくなった。
28. ☐ 以前ほど車の汚れが気にならず、あまり洗車をしなくなった。
29. ☐ 運転自体に興味がなくなった。
30. ☐ 運転すると妙に疲れるようになった。

☞ **30項目のうち5項目以上にチェックが入った方は要注意です。**

認知症予防を心がけていただくとともに、毎年一度はご自身でチェックを行ない、項目が増えるようなことがあれば専門医や専門機関の受診を検討しましょう。

⚠ **注意事項**

チェックリストは、あくまで認知機能の病的障害を念頭に専門機関への受診を検討する際の目安であり、判断するのはご本人やご家族です。

出典：警察庁Webサイト やってみよう！「運転時認知障害早期発見チェックリスト30」

おわりに

──シニアドライバーのご家族のみなさまへ──

　数十年前と比べると、昨今は若々しい高齢者が多くなり、60代や70代くらいでは、とても「お年寄り」とは呼べないくらいお元気な方々がたくさんいらっしゃいます。そのため、まだまだ現役で自動車の運転を続けたいと思っている方も多いことでしょう。

　しかし、シニアドライバーのご家族、多くは働き盛りの息子さん、娘さんの立場からすれば、だんだん心配する気持ちが大きくなっていくのも当然のことです。

「ウチのお父さん、元気そうに見えるけれど、もう70代後半だし、ちゃんと安全運転ができているのかな？」

「ニュースで高速道路の逆走事故を見て怖くなった。ウチの親の運転は本当に大丈夫？」

　そうした思いから、ご家族に対して運転免許の返納をすすめたいと考えておられる方も多いはずです。

　もちろん、これは判断が難しい問題です。高齢のご家族のほうから、そろそろ運転はやめようと思う、という意思表示があれば、その希望に沿って手続きをすればよいことです。しかし、免許の継続を希望しているご家族に対して、無理に返納をすすめるのは、それまで維持し続けた「自分の都合で移動できる自由」を奪うことにもなり、精神的な負担につながると思われます。

　その一方で、すでに認知症がある程度進行しているにもかかわらず、日常生活の習慣の中で、ご本人もご家族も変化に気づいていないケースもあります。こうした場合、必要な対策がどうしても遅れがちになるため、事故等の問題が起きる可能性が高くなってしまうでしょう。

　本書を手に取ってくださったことを契機に、ご家族のみなさまには、高齢ドライバーであるご家族の現在の脳の状態を把握していただきたいと思います。具体的には、「念のため」に認知症の検査を受けていただくということです。

　そこで「まだまだ問題ない」と判断できれば、認知機能検査の合格に向けて協力するという選択もできます。検査の結果、今後の運転は難しいと判断される場合、よく話し合ってお互いに納得したうえで、返納という選択もできます。

　いずれにしても、ご本人を含めたご家族全員が、いちばん幸福になれる道を選んでいただきたいと願っています。

【監修者紹介】

広川慶裕（ひろかわ・よしひろ）

精神保健指定医、日本精神神経学会精神科専門医・指導医、日本医師会認定産業医、認知症予防医、ひろかわクリニック院長。

1955年、大阪府生まれ。京都大学医学部卒業。麻酔科専門医・指導医として実績を積むかたわら精神病理学に興味を持ち精神科に転科。以降、認知症やうつ病、統合失調症などの精神疾患治療に専念。働く人のメンタルヘルスケアにも尽力。2014年、認知症予防を専門とする「ひろかわクリニック」を開院。認知症の早期発見と早期治療に取り組み、認知症予防のトータルメソッド『認トレ』を創設。

著書に『図解でよくわかる 今すぐできる認トレで認知症は予防できる』（河出書房新社）、『認知症の危険度がわかる自己診断テスト』（自由国民社）、『認知症予備群から卒業！「かくれ認知症」は"認トレ"で防ぐ・改善する』（PHP研究所）などがある。

※「認トレ」は広川慶裕（エンフューチャー株式会社）の登録商標です。

ひろかわクリニック

〒611-0021　京都府宇治市宇治妙楽24-1　ミツダビル4階
https://j-mci.com/　TEL：0774-22-3341
MCI（軽度認知障害）外来、認知症予防外来のほか、認トレ教室（認知症予防トレーニング教室）を開催。

＊本書に掲載している情報は、2023年3月時点のものです。最新の制度や手続き等につきましては、運転免許試験場や教習所等にお問い合わせください。

＊本書は「認知機能検査」の合格を必ずしも保証するものではありません。

装幀・本文組版◉朝田春未
本文イラスト◉よしのぶもとこ（72・73・78・79・81・83・84・85・90・91ページ）
編集協力◉森末祐二

運転免許「認知機能検査」5日間合格特訓ドリル

2023年4月10日　第1版第1刷発行
2024年6月6日　第1版第6刷発行

監修者　広川慶裕
発行者　村上雅基
発行所　株式会社PHP研究所

京都本部　〒601-8411　京都市南区西九条北ノ内町11
〔内容のお問い合わせは〕暮らしデザイン出版部 ☎ 075-681-8732
〔購入のお問い合わせは〕普　及　グ　ル　ー　プ ☎ 075-681-8818
印刷所　大日本印刷株式会社